气候变化对黑龙江省农业生产的影响及适应策略

QIHOU BIANHUA DUI HEILONGJIANGSHENG NONGYE SHENGCHAN DE YINGXIANG JI SHIYING CELUE

刘杰 史风梅 等 著

中国农业科学技术出版社

图书在版编目（CIP）数据

气候变化对黑龙江省农业生产的影响及适应策略 / 刘杰等著. --北京：中国农业科学技术出版社，2022. 9

ISBN 978-7-5116-5646-9

Ⅰ. ①气…　Ⅱ. ①刘…　Ⅲ. ①气候变化－影响－农业生产－研究－黑龙江　Ⅳ. ①F327.35

中国版本图书馆CIP数据核字（2021）第 274451 号

责任编辑　李　华
责任校对　马广洋
责任印制　姜义伟　王思文

出 版 者　中国农业科学技术出版社
　　　　　北京市中关村南大街 12 号　　邮编：100081
电　　话　（010）82109708（编辑室）　（010）82109702（发行部）
　　　　　（010）82109709（读者服务部）
网　　址　https: // castp.caas.cn
经 销 者　各地新华书店
印 刷 者　北京建宏印刷有限公司
开　　本　170 mm × 240 mm　1/16
印　　张　13.25
字　　数　224 千字
版　　次　2022 年 9 月第 1 版　　2022 年 9 月第 1 次印刷
定　　价　85.00 元

版权所有 · 侵权必究

《气候变化对黑龙江省农业生产的影响及适应策略》

著者名单

主　著：刘　杰　史风梅

副主著：裴占江　王　粟　马玉新　卢玢宇

参　著：李鹏飞　于秋月　高亚冰　李　丹　左　辛
范淑华　张首超　樊　斌

前 言

全球气候变化是全人类共同关注的最重要的问题之一，它是指在全球范围内，气候平均状态统计学意义上的巨大改变或者持续较长一段时间（典型的为30年或更长）的气候变动。《联合国气候变化框架公约》（UNFCCC）第一款将因人类活动而改变大气组成的“气候变化”与归因于自然原因的“气候变率”区分开来。因此，从这个角度讲，人类活动可以说既是始作俑者，又是受害者。气候变化主要表现为全球气候变暖、酸雨和臭氧层破坏。气候和气候变化对社会经济发展和人类进步产生了极大的影响，已成为国际社会关注的热点和重点问题。气候变暖、极端气候事件增加、冰川融化、海平面上升等已成为气候变化的事实，它们会对自然生态系统产生不可逆转的影响。因此，气候和气候变化问题不仅是一个科学技术问题，也是一个政治、经济问题。

人们对气候变化认识较早，但世界各国真正关注该问题是1979年在瑞士日内瓦召开的第一次世界气候大会上。在该会上，科学家预警大气中二氧化碳（CO_2）浓度增加将导致地球升温，气候变化第一次作为一个受到国际社会关注的问题提上议事日程。之后，国际社会为应对气候变化问题采取了一系列措施，包括1988年成立联合国政府间气候变化专门委员会（IPCC），专门负责评估气候变化状况及其影响等；1992年通过的《联合国气候变化框架公约》（UNFCCC）确立了发达国家与发展中国家“共同但有区别的责任”原则；1997年通过的《京都议定书》确定了发达国家

2008—2012年的量化减排指标；2007年12月达成了巴厘路线图，确定就加强UNFCCC和《京都议定书》的实施分头展开谈判等。迄今，UNFCCC已有197个缔约国，并且成功地举行了26次缔约方大会，最近一次是在英国格拉斯哥。尽管各缔约方还没有就气候变化问题综合治理所采取的措施达成共识，但全球气候变化会给人带来难以估量的损失，气候变化会使人类付出巨额代价的观念已为世界所广泛接受，并成为广泛关注和研究的全球性环境问题。

农业在全球适应气候变化工作中处于中心地位。第一，农业生产过程和特征决定其是受气候变化影响最敏感的领域之一。农作物种植是农业生产的最重要环节，为全世界人口提供物质保障和能量来源。而当前的农业生产很大程度上依赖于自然资源，包括生物多样性、土地、植被、降雨和日照，而这些资源则与气候及天气条件存在紧密且无法分割的联系。第二，农业作为基础性产业，为世界极端贫困人口中的约2/3（约7.5亿人）提供生计，因此，气候变化对农业的冲击直接波及本就脆弱的农村人口，对其粮食安全造成深远影响。第三，农业也是温室气体排放的主要领域之一，农业生产造成的温室气体排放量已占全球排放总量的19%～29%，甲烷、氧化亚氮等非二氧化碳温室气体排放贡献率达56%左右，成为全球第二大温室气体来源。因此，农业在促进全球气候变化减缓方面具有独特潜能，可通过改善作物、土地和家畜管理来减少排放，提高植物生物质与土壤的固碳水平。

气候变化对农业的影响是多层次的。全球平均气温改变，使全球气候的格局也会随之改变，出现许多反常的气候现象，对地球的生态环境、人类的社会经济发展，如农业产量、水资源分布以及人类健康状况，将带来一系列不良影响。例如，造成一些地区旱涝频率增加，反常天气增多，自然灾害加重；中国北方一些地区由于蒸发加大，或降雨减少，河川径流量相应减少，造成水资源更加紧缺。如果气候变暖太快，许多生物物种就会因对气候不适应而退化，甚至有些物种可能灭绝；气候变暖，蒸发量加大，中国北方干旱和半干旱地区可能更加干旱，使本来已经严重的荒漠化进程加速。2019年8

月，IPCC正式发布的《气候变化与土地特别报告》第一次将气候变化与人类脚下的土地联系起来，并勾勒出气候与农业生产之间复杂的因果关系。土地在气候系统中起着重要作用，更好的土地管理有助于应对气候变化。然而，随着人口增长和气候变化对植被负面影响的增加，土地必须保持生产力以维持粮食安全。土地状况的变化可以对数百里公里外的气温和降雨产生影响；不当的土地使用和管理方式如为应对粮食减产而进行的耕地扩张，挤占了林业用地空间，造成土地退化，进一步加剧全球变暖，形成恶性循环。

黑龙江省地处中国东北部，属于寒温带与温带大陆性季风气候。全省从南向北，依温度指标可分为中温带和寒温带。从东向西，依干燥度指标可分为湿润区、半湿润区和半干旱区。降水表现出明显的季风性特征，基本上雨热同步，是典型的雨养农业。黑龙江省耕地面积1 719.5万hm^2，居全国之首，是我国重要的商品粮基地，产量连续多年稳定在750亿kg，对保障国家粮食安全至关重要。

然而，随着全球气候变化，近年来黑龙江省极端天气气候事件频发，严重影响和制约了农业生产。以过去的连年为例，2019年，黑龙江省主要气象灾害有生长季低温、暴雨洪涝、干旱、沙尘、低温阴雨寡照、暴雪，全年共发生13次极端气候事件，为10年以来最多的一年；2020年，黑龙江省最明显的气候特征是降水异常，全年降水量755.2mm，为40年来最多，并且在时空上分布不均，并且伴随着台风、暴雨洪涝、初夏低温多雨、盛夏高温少雨、局地强对流、暴雪和龙卷风等气象灾害，仅在8月27至9月9日就连续遭受了“巴威”“美莎克”和“海神”3场台风，为历年之罕见，造成农作物受灾，房屋受损。

作为典型的温带大陆性季风气候区域，黑龙江省农业受气候变化影响巨大而深远，可以预测到的是，这种趋势会越来越加剧，因此，如何通过对该区域气象历史数据的掌握分析判定气候变化对农业生产的影响，显得尤为重要。2016年，在中国清洁发展机制基金（CDM）支持下，项目组基于黑龙江省33个气象台站近50年气候资料分析，对黑龙江省农业领域影响程度和范围的分析和评估，预估了未来气候变化对黑龙江省农业领域的可能影响，并从对极端天气、病虫害等的应急响应体系的建立、农业耕作制度的选择和实施、政府对农业生产管理体系的完善、相关农业服务设施建设等方面有针对性地提出适应策略。

本书材料多来源于著者主持完成的CDM项目——气候变化对黑龙江省农业的影响和应对策略项目成果。在本书付梓之际，要特别感谢中国农业科学院农业环境与可持续发展研究所董红敏研究员、李玉娥研究员，中国农业大学陈阜教授、农业农村部王全辉研究员以及黑龙江省黑土保护利用研究院王玉峰研究员在项目执行、书稿撰写和出版过程中给予的帮助和支持。

诚然，限于撰写时间和著者水平，全书错误之处难免，还请读者朋友批评指正。

著　者

2022年3月

目　录

1

气候变化对我国农业生产影响研究进展

本章简要回顾了气候变化对我国农业生产影响研究进展，综述了气候变化对农业生产影响的研究方法。

1.1 我国气候变化现状

全球气候变化已经成为当今环境科学研究的核心问题之一，关于全球气候变化的影响及其应对策略已经成为学术界研究热点课题。根据IPCC的报告，近130年（1880—2012年）全球地表平均温度上升了0.78℃，与1880—2003年相比，2003—2012年全球地表的平均温度上升速度更快。根据2016年《中国气候变化监测公报》，2015年亚洲地表平均气温比常年值偏高1.17℃，为1901年以来的第1高值年。近100年间（1901—2015年），亚洲地表平均气温上升了1.45℃，远高于全球地表平均气温的上升速度；1951—2015年，中国地表年平均气温呈显著上升趋势；2015年中国平均地表气温为10.5℃，比常年值偏高1.3℃，是自1951年有完整气象记录以来最暖的年份；中国区域平均气温总体呈上升趋势，但区域差异较大，北方（华北、西北和东北）较南方增温速率更加明显，西部较东部更加突出，其中青藏地区增温速率高达0.36℃/10年；1961—2015年，中国上空对流层低层和顶层平均气温显著上升，平流层下层平均气温明显下降。21世纪以后，全球的平均降水量变化不大，但是与之前相比，降雨区域分化明显，极端干旱和洪涝事件频发。中国极端高温事件、极端强降雨事件频次趋多，极端低温事件频次显著减少，区域性干旱事件呈弱线性上升趋势。

近100年（1910—2015年）中国平均年降水量无明显线性变化趋势，以20～30年的年代际波动为主，年际变率大，2015年较常年每平方米偏多20.1mm。1961—2015年，中国陆地表面太阳年总辐射量趋于减少，2015年较常年每平方米偏少45.9kW·h。

农业作为对气候变化反应最敏感的产业，任何微小的气候变动都会给农业正常的生产生活带来影响，特别是极端气候如干旱、洪涝、冰雹、霜冻等，对我国的粮食安全、农民收入、社会稳定造成波动，甚至会影响国家经济的可持续性。我国地域辽阔，地形复杂，人口、经济发展各不相同，又是气候多变国家，因此，气候变化对我国各区域的影响各不相同。由于平均气温上升，积温带北移东扩，农作物适宜耕作区扩大，使我国东北地区在气候变化的过程中获得更好的农业发展机遇，洪涝、冰雹、霜冻等极端自然天气发生频率减小，虽然东北地区农业可用水资源减少，旱灾发生频率却在增加，总体上全球气候变化对东北地区的农业生产是有利的；气候变化使黄淮海平原地区平均气温明显升高，平均降水量明显下降，气候干暖化，水资源更加匮乏并且极端气候发生频率增加；长江中下游地区在气候变化的影响下，平均降水量增加，冬季趋暖，夏季趋凉，冬季温度的变化有利于农业病虫害繁衍，长江中下游地区光热资源充足，气候变暖对其影响相对较小，但是极端气候发生的频率有升高的趋势；西北地区在气候变化的影响下平均气温显著升高，且其升高强度高于全国平均水平，平均降水量也有增加的趋势，以新疆北部地区最为明显；我国西南地区受气候变化的影响主要体现为平均气温降低、降雨减少，有干冷化的趋势，并且旱灾、地质灾害发生的频率也有增加的趋势。因此，气候变化对我国农业生产产生的影响是复杂且深刻的。

科学预测、分析气候变化对农业生产各方面的影响，并研究探讨应对气候变化的策略，是全球农业可持续发展的重要课题之一。本部分通过整理、归纳近几十年的研究，试图提出认识气候变化对我国农业生产影响的科学路径，分析以往研究的优点、贡献和不足，为我国科学分析和应对气候变化对农业生产的影响提供依据。

1.2 气候变化对我国农业生产影响的研究方法

全球气候的任何异常变化都会在一定程度上影响我国的粮食产量、种植制度、作物生长和品种分布。因此，深入探究气候变化的科学机理，评估气候变化对我国未来农业生产产生的影响，提出适应气候变化需要的政策、途径和方法是我国迫切需要解决的重大问题。近几十年来研究人员在气候变化与农业生产、种植结构、作物品质等方面进行了大量试验。这些试验的研究方法主要集中在观测试验和模型模拟两个方面，观测试验包括研究大气成分变化对作物生理及化学组成的影响，可分为田间试验和人工气候室试验两种；模型模拟方法包括统计分析和动态数值模拟。

人工温室控制试验一般是在野外封闭或顶部封闭的环境下，改变CO_2的浓度来研究其对作物生产的影响，研究结果表明高浓度CO_2环境下，初期作物光合作用显著增加，之后逐渐恢复到正常CO_2浓度时光合作用的强度，但如果长期处于高浓度CO_2的环境下，作物的光合作用普遍下降。由于人工温室效应与自然田间环境差别较大，不能很好地观测作物对CO_2浓度的响应。因此，需要作为补充观测试验方法的开放式CO_2富集FACE方法。FACE方式是在田间设置一定面积的FACE试验圈，直接输入高浓度的CO_2，这种方法在自然环境下，观测作物对CO_2浓度的响应，是非常理想的方式之一。统计模型模拟方法是利用回归分析、方差分析、主成分分析等数理统计方法对农作物与气候变化之间构建的非动态统计方程。但是此模型模拟精度较低，尤其是在研究范围有变化的时候误差更大。但是在缺乏土壤、水文、地形等基础数据的时候，统计模型又在气候变化对农业影响的研究中起到重要作用。随着长期观测试验的进行，人们对气候变化和作物生长的认识不断发展和完善，利用气候变化和作物生长模式相关联进行动态模拟成为评价气候变化对农业生产的主要研究方法。通过构建土壤—作物—大气系统动力学模型，用动态模拟方法获得信息，涉及作物生长发育的各种形状。由于动态模拟在原则上可输入任意组合的气候因子观测产量构成和最终产量的变化，对作物生理生态过程的动态描述和研究未来气候变化的影响，无疑是一种有利的影响评价方法。

1.3 气候变化对我国农业生产的影响

1.3.1 气候变化对我国农业生产潜力的影响

农业生产潜力是指在太阳辐射、温度、水分以及土壤养分的共同作用下，在最佳农业管理条件下，农作物可能达到的最高产量。目前，国内外对农作物生产潜力的研究取得了大量的成果，主要是以光照、温度、降水为基础评价农业生产潜力，也有通过光、热、水、土逐渐递减的方法研究宏观尺度上评价农业生产潜力的变化。农业生产潜力不仅能够反映农业气候资源对区域农业产生的综合影响，也反映了区域农业生态的环境基础。随着全球气候变化的不断加剧，我国应该更加重视气候变化对农业生产潜力的影响，目前，我国已有学者对此给予关注，并取得一定成果。冷疏影（1992）分析了全国671个气象站的30年的气象数据，包括光照、温度、降水和土壤养分等数据，分析计算各生产要素对农业生产潜力的影响并在地理信息系统的支持下绘制了我国农业生产潜力图。赵名茶（1995）利用671个气象站点的数据，分析我国各地域影响农业生产潜力的因子，并将我国气温带北移和降水带西迁后的干湿界限的变化绘制成图，并对未来农业生产潜力的变化作出预测。袁兰兰（2015）利用卫星遥感影像监测的2010年我国耕地分布数据，结合近50年的农业气象数据和土壤养分数据，采用CAZE模型，估算出小麦、水稻、玉米和大豆在不同地理区域的生产潜力及其发展趋势。竺可桢（1964）研究了气候资源与农业生产的关系，分别从太阳辐射总量、温度和降水量3个因子对粮食生产的影响方面进行了论述。陈明荣（2000）提出了生产潜力的温度影响系数。唐国平（1984）根据1958—1997年中国310个气象站点的数据，分析了我国气候的背景特征，用3个模型来模拟未来中国的气象变化，根据模拟结果评估气候变化对农业生产潜力的影响。赵慧颖（2007）通过数理统计方法分析了典型草原地区的气候变化规律及其对农业生产潜力的影响，典型牧草地地区气候干暖化趋势明显，年平均降水量呈现减少趋势，降水量较少成为典型牧草地地区生产潜力的主要限制因素。赵艳霞（2003）分析了黄土高原地区的生态环境特征，采用FAO光温生产潜力和气候生产潜力计算方法，计算了1960—2000年近40年黄土高原的小麦生产潜力，并预测了未来50年光温生产潜力的增幅大于气候潜力的增幅。葛亚宁（2015）以2010年我国耕地分布的遥感监测数据为基础，结合1960—2010年我国的气象数据，采用GAEZ模型，综合考虑影响玉米生产潜力的时空格局特征，发现我国玉米生产潜力差异较大，呈现东高西低格局，其中东北地区玉米生产潜力最高，并分析了我国近50年在气候变化的影响下玉米生产潜力的时空变化特征。总体来看，上述研究为我国各地区农业主体认识各地区农作物可能达到的最大产量，推动农业可持续发展提供一定的参考依据。

1.3.2　气候变化对我国农业生产环境的影响

我国的气候受到来自太平洋、印度洋、北冰洋等全球性区位单元的大气环流影响，全球性地理单元的异常变化是导致我国发生农业灾害的大气环流的主要原因。由于气候变化以及人为的环境破坏使农业自然灾害频发，给我国农业生产生活带来巨大灾难。气候变化导致气温波动引发热害、冻害、霜冻，使热带作物受低温影响，寒带作物受高温影响；水资源分布异常引发旱灾、涝灾、雹灾；空气大幅度异常流动引发风灾。我国每年都有大量的农田受到农业气象灾害的影响，损失巨大，威胁粮食安全和社会稳定。农业气象灾害频率的增加在受全球气候变化的大环境下，交替进行、持续发展。目前，关于全球气候变化与农业生产和农业自然灾害与农业生产相关性的研究已经做了大量工作，包括气候变化对农业病虫害的影响。郑冬晓（2014）分析了厄尔尼诺-南方波涛（ENSO）效应对我国气温、降水、农业灾害和农业生产的影响，发现ENSO年我国北方大部分地区初霜冻偏早，东北地区多发生低温冻害，西北和华北易干旱；拉尼娜年东北初霜冻偏晚，西北和华北易发生干旱。陈辉（2001）利用1990—1999年河南省农业灾情数据，分析了10年间各类农业灾害对农作物的影响和气候变化对农作物产量的影响，研究发现旱灾和病虫害已经成为河南省农业生产面临的主要农业气象灾害，并且灾害发生状况与河南省的粮食产量波动情况基本一致。李祎君（2010）利用全国气象站的农业气象数据结合《中国农业统计年鉴》中1978—2007年农业气象灾害受灾面积等资料，分析了气候变化对农业生产环境的影响，研究发现气候变暖为农业病虫害提供更为有利的生存环境，病虫害发生世代数增加，使我国农业病虫害防治工作的进行更加困难。吕军等（2011）利用经验正交函数（EOC）对1960—2008年的气象数据进行分析，发现我国在20世纪80年代末期开始平均气温有明显升高，东北、西北、内蒙古旱灾最为严重，长江中下游、珠江流域、东北涝灾严重，年均降水量不是旱涝灾害的主要原因，而年降雨日数和降雨地区分区不均是旱涝灾害的重要原因。王刚（2014）以水循环及水资源系统的角度分析了气候变化对旱涝灾害的驱动机制，气候变化引起大范围的大气环流异常，易引发持久性的旱涝灾害，同时气候变化对土壤特性、植被覆盖等影响加剧，增加了发生旱涝灾害的风险。随着全球气候变化的持续，促进了我国农业灾害发生的频率、强度和范围，加大对气候变化与农业气象灾害的相关性研究十分迫切。

1.3.3 气候变化对我国种植制度和结构区划的影响

全球气候变化引起的光、温、水条件的改变，影响到了我国农业生产的方方面面，人类通过不同方式改变农业生产来适应气候的变化。气候变化对我国农业的种植制度、种植格局产生了较大影响。李祎君（2010）通过对1980—2007年的《中国农业统计年鉴》以及1961—2007年全国气象数据的分析，发现在全球气候变化的影响下，小麦的种植对气候反应最为敏感，波动较大；水稻种植比例南北方反向，波动较小；北方复种指数明显增加，种植线北移，黑龙江省等高寒地区大面积扩种水稻。张厚瑄（2000）研究指出气候变化使我国的热量有不同程度的增加，使一年两熟、一年三熟的种植制度北迁，但是降水量变化产生不利因素，使种植制度的改变拥有不确定性。云雅如（2005）分析了黑龙江省的气象资料和主要农作物耕作面积资料，利用快速聚类方法分析了黑龙江省198—2000年种植结构的变化，发现全省水稻种植面积显著扩大，小麦种植面积迅速减少，而玉米的种植面积相对稳定，在气候变化的背景下，黑龙江省主要种植作物由小麦和玉米转变为水稻和玉米。王明娜（2009）在黑龙江省气象数据和作物种植统计数据的基础上，分析了黑龙江省作物格局的变化，指出水稻的种植区明显向北扩张，小麦种植区向北收缩，玉米种植区保持相对稳定，这些是受全球气温变暖，温度显著增加影响的。金之庆（2002）采用GISS Transient B 模型，根据近40年历史数据模拟了今后50年变化对东北地区主要农作物种植结构的影响，研究指出未来50年随着气候变暖和CO_2的增加，有利于东北大豆生产，不利于玉米生产，并且随着水汽蒸发东北降水量可能增加，未来有望种植冬小麦并增加复种指数。熊伟（2008）采用区域气候模式与CERES-Maize模型相结合的方法，模拟了在温室气体增加的环境下未来我国玉米产量的变化，模拟结果显示气候变化将导致我国玉米单产降低、总产下降，给我国玉米产业带来一定的损失。廖玉芳（2010）利用湖南省地面观测点测算的气象数据结合最佳小网格推算模型推算了500m分辨率的网格序列资料，运用GIS技术，开展了湖南省主要农作物的适宜性动态气候区划，研究中发现气候变化对湖南双季稻的影响表现为熟性搭配区的变化，使油菜、油茶适宜种植区扩大，棉花、烟草适宜种植区变小。

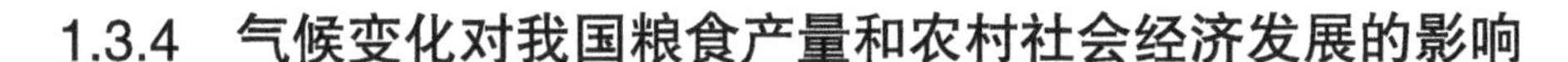

1.3.4　气候变化对我国粮食产量和农村社会经济发展的影响

气候变化对粮食产量和农村社会经济发展的影响正逐渐成为气候变化研究的重点领域之一。气候变化对粮食安全和农村经济发展影响的研究已经有了大量成果，不同的研究所选的试验区域、研究内容有各自的侧重点。卢丽萍等（2009）分析了1978—2007年近30年的气象灾害的时间序列和空间分布特征，发现粮食产量与气象灾害的发生成反比，受灾严重的主要集中在东部地区，其中旱灾和涝灾占到影响粮食生产因素的70%～85%。秦大河（2007）模拟了未来30年我国粮食产量会在气候变化的影响下减产5%～10%，以水稻、玉米、小麦三大粮食作物为主。但是在干旱地区，受气候变化的影响粮食产量可能增加。吴普特等（2010）分析了我国1949—2015年的干旱指数（PDSI）、单位灌溉面积用水量（GIQ）、单位面积粮食产量（PHGO）的年际变化特征及其相关关系，发现在1990年以前，GIQ和PHGO均与PDSI有较好的线性相关关系，表明气候变化对农业用水和粮食产量的影响显著，人为因素影响较小，而1990年以后GIQ和PHGO与PDSI的线性拟合较差，表明人为因素在农业用水和粮食产量中占主导作用。通过技术进步、政策保证和加强生产资料投入可以在一定程度上减少气候变化对农业生产的影响。平均气温升高土壤微生物分解加快，化肥释放周期缩短，这就需要施用更多的肥料。气温变暖有利于昆虫幼虫越冬和杂草生长，可能会加剧病虫害流行和杂草蔓延，使农业生产不得不加大农药和除草剂的用量，提高农业生产成本。

1.4　结论

综上所述，气候变化对农业生产的影响已经成为世界各国广泛关注的热点问题，涉及大气科学、农业科学、地理科学、信息科学等多学科交叉融合的前沿问题。关于气候变化对农业生产的影响及其应对策略研究，国内外众多学者已经开展了大量的研究工作，并取得了一系列的成果，但与农业、工业、电子等其他科研领域的研究相比还远远不够。另外，综合考虑全球气候变化的发展趋势及规律，深入研究气候变化的内在机制及其对我国农业生产的影响具有重大的科学价值和现实意义。

在气候变化对农业生产影响的研究方法方面，目前利用大气、农业、地理、气象等多学科交融的方法研究气候变化与农业生产的关系应是未来研究的重点。另外，我国地质种类复杂多样，各地气候及地理资源差别较大，气候变化对农业生产影响的时间、方式、程度各不相同。因此，采用单一时间、单一地区或单一方法研究气候变化与农业生产的关系，将无法建立起气候变化对农业生产影响的全面认识。

关于气候变化对粮食生产的影响方面，研究气候变化与粮食生产之间的相互作用应是未来的研究重点。粮食生产是一个涉及自然、气象、环境、地理等方面十分复杂的系统，以往研究大多集中于农业生产的某一方面，缺少将农业生产作为一个有机的整体来研究。气候变化不仅仅是气温的改变，更是伴随着干旱、洪涝、冰雹、霜冻等农业气象灾害，使农业生产所依赖的水、光、热、温等气候要素以及土壤养分要素转移、变迁，更有可能改变农作物的品种及其抗逆性。

气候变化对农业气象灾害、病虫害影响的定量研究方面，弄清主要农区气象灾害发生以及农业病虫害流行暴发的特征和机理应是未来的研究重点。全球范围异常气候出现和病虫害发生的概率将大大增加，这些极端天气事件和病虫害将对农业的生产和可持续发展产生重要影响，尤其是极端天气事件的增多，势必将影响全球粮食的稳定生产。因此，合理制定我国适应气候变化的农业生产措施，加强对农业气象灾害和病虫害发生的频率、强度、持续时间及其与粮食产量的定量研究意义重大。

2

数据来源及研究方法

2.1 数据来源

（1）本书中气象数据来源于黑龙江省31个气象站的月平均气温和降水资料，以及1986—2015年黑龙江省气象局地面气候资料。

（2）农业数据来源于《新中国农业60年统计资料》及中华人民共和国农业部种植业管理司的数据库。

（3）气象灾害数据来源于1986—2015年的《黑龙江省统计年鉴》、《中国气象灾害大典：黑龙江卷》。

（4）植保数据来源于1990—2015年的《全国植保专业统计资料》、《中国植物保护五十年》。

所选站点的名称、地理位置坐标见表2-1。

表2-1　所选站点的名称、地理位置坐标

Tab. 2-1　Location of the selected station

站名	纬度（°）	经度（°）	海拔（m）	站名	纬度（°）	经度（°）	海拔（m）
大兴安岭呼玛	51.72	126.65	178.2	佳木斯汤原	46.73	129.88	95.90
黑河黑河	50.25	127.45	166.9	佳木斯佳木斯	46.82	130.28	82.20
黑河嫩江	49.17	125.23	243	双鸭山集贤	46.72	131.13	106.00
黑河德都	48.50	126.18	273.2	双鸭山宝清	46.32	132.18	83.50
齐齐哈尔克山	48.05	125.88	236.3	双鸭山饶河	46.80	134.00	55.70
伊春嘉荫	48.88	130.40	91.5	哈尔滨哈尔滨	45.75	126.77	143.00
齐齐哈尔龙江	47.33	123.18	190.5	大庆肇源	45.50	125.08	128.50

（续表）

站名	纬度（°）	经度（°）	海拔（m）	站名	纬度（°）	经度（°）	海拔（m）
齐齐哈尔富裕	47.80	124.48	164.7	哈尔滨双城	45.38	126.30	167.30
齐齐哈尔拜泉	47.60	126.10	232.4	哈尔滨方正	45.83	128.8	120.00
绥化海伦	47.43	126.97	240.4	哈尔滨尚志	45.22	127.97	191.00
佳木斯富锦	47.23	131.98	65	七台河勃利	45.75	130.58	220.50
齐齐哈尔泰来	46.40	123.42	151.2	鸡西虎林	45.77	132.97	103.50
绥化青冈	46.68	126.10	206.3	哈尔滨五常	44.90	127.15	196.20
绥化安达	46.38	125.32	150.1	牡丹江穆棱	44.93	130.55	266.70
绥化庆安	46.88	127.48	185.8	牡丹江宁安	44.33	129.47	272.40
哈尔滨巴彦	46.08	127.35	134.8				

2.2 研究方法

本书中应用到的研究方法有Mann-Kendall（M-K）趋势检验法、Morlet小波分析法、灰色评估预测法、气候倾向率、距平百分率分析、相关性分析。利用Excel进行数据分析，Origin进行作图。

2.2.1 Mann-Kendall趋势检验法

趋势检验是假设H_0是由X_1，X_2，…，X_n，n个随机、独立的、分布概率相同的变量组成的时间序列数据$\{X_1，X_2，…，X_n\}$，H_1为双边检验，则检验统计量见式（2-1）。

$$S=\sum_{i=2}^{n}\sum_{j=1}^{i-1}\operatorname{sign}(X_i-X_j) \tag{2-1}$$

统计量S为正态分布，均值为零，其中i，$j \leqslant n$，且i不等于j。当X_i-X_j "<0" "=0" 或 ">0" 时，sign（X_i-X_j）的值分别为-1、0、1。

统计量S的方差见式（2-2）。

$$\operatorname{Var}(S)=\frac{n(n-1)(2n+5)}{18} \tag{2-2}$$

则有式（2-3）。

$$\begin{aligned} Z&=\frac{S-1}{\sqrt{\operatorname{Var}(S)}},S>0 \\ Z&=0,S=0 \\ Z&=\frac{S+1}{\sqrt{\operatorname{Var}(S)}},S<0 \end{aligned} \tag{2-3}$$

在H_1双边趋势检验时，Z大于零时表示原时间序列存在增加趋势，反之则为下降趋势。如果$|Z| \geqslant Z_{1-\frac{a}{2}}$，$a$为给定的置信水平，即在置信水平$a$，时间序列的上升或下降趋势非常明显。$|Z|$大于等于1.28、1.64和2.32则分别表示通过了可信度90%、95%和99%的显著性检验。

Mann-Kendall（M-K）法也可以对黑龙江省农业旱灾的突变情况进行检验。具体如下：设原有时间序列$\{X_1, X_2, \cdots, X_n\}$，而$m_i$表示$X_i>X_j$（$1 \leqslant j \leqslant i$）的样本累积个数，定义见式（2-4）。

$$d_k=\sum_{i}^{k} m_i,(2 \leqslant k \leqslant n) \tag{2-4}$$

选择不同的k（$2 \leqslant k \leqslant n$），得到（$k$，$d_k$）组合。如原时间序列是随机独立的，则数学期望和方差分别为式（2-5）、式（2-6）。

$$E(d_k)=k(k-1)/4 \tag{2-5}$$

$$\operatorname{Var}(d_k)=k(k-1)(2k+5)/72 \tag{2-6}$$

对上面得到的d_k进行标准化，见式（2-7）。

$$UF_k = \frac{d_k - E(d_k)}{\sqrt{\mathrm{Var}(d_k)}} \quad (2\text{-}7)$$

UF_k把此方法引用到反序列中，计算得到UB，给定显著性水平$\alpha=0.05$，则统计量UF和UB的临界值为±1.96。$UF>0$，表示序列呈上升趋势；反之，表明呈下降趋势，UF的绝对值大于1.96，表示上升或下降趋势明显。而UF和UB两条曲线在置信区间内的交点则为突变点。

2.2.2 Morlet小波分析法

小波变换是通过将时间序列分解到时间频率域内，从而得出时间序列的周期变化动态。Morlet小波不但可以得到时间系列振幅信息，还可得到时间序列的相位信息，因此应用比较广泛。Morlet小波函数如式（2-8）所示。

$$\varphi(t) = e^{i\omega_0 t} e^{-\frac{t^2}{2}} \quad (2\text{-}8)$$

式中，$\varphi(t)$为Morlet小波函数；t为时间（年）；ω_0为小波中心频率，无量纲。可采用式（2-9）结合Morlet小波分析进行周期分析。

$$T = \left(\frac{4\pi}{c + \sqrt{2 + c^2}}\right) \times a \quad (2\text{-}9)$$

式中，T为傅里叶周期（年）；c为常数；a为Morlet小波的伸缩时间尺度（年）。

小波方差常被用来分析时间序列中各种时间尺度的相对波动强度和周期性变化特征，其定义见式（2-10）。

$$\mathrm{Var}(s) = \int_{-\infty}^{+\infty} |W_x(a,b)|^2 \, \mathrm{d}b \quad (2\text{-}10)$$

式中，$W_x(a, b)$为时间尺度为（年），时间为$x(t)$的小波系数，见式（2-11）。

$$W_x(a,b) = |a|^{-0.5} \int_{-\infty}^{\infty} x(t) \bar{\varphi}\left(\frac{t-b}{a}\right) \mathrm{d}t \quad (2\text{-}11)$$

式中，b为时间因子，$\overline{\varphi}(t)$为φ（t）的复共轭函数。

小波系数可反映系统在该时间尺度下的变化特征，小波系数为零时的点为突变点，小波系数的绝对值越大，表明该系统在该时间尺度变化越明显。

2.2.3 灰色评估预测法

灰色评估预测法是通过系统因素发展趋势的相似或不同的程度，通过原始数据的适当处理方法寻找数据之间的规律性，从而可以建立模型，对事物的发展趋势进行预测和分析。本研究采用时间序列的预测方法，利用时间序列的一系列数据构造灰色预测模型，预测未来某一时刻的特征量，或者表达某一调整数据发生的时间。灰色评估预测模型建立方法有G（1，1）累加，G（1，1）累减和G（1，n）累积等。

2.2.3.1 灰色G（1，1）的建模方法

原始时间序列，见式（2-12）

$$X^0(k)=\left[X^0(1)\,X^0(2)\cdots\cdots X^0(n)\right] \tag{2-12}$$

令 $X^1(k)=\sum_{i=1}^{k}X^0(k),k=1,2,\cdots,n$，得到累加数列，见式（2-13）

$$X^1(k)=\left[X^1(1)\,X^1(2)\cdots\cdots X^1(n)\right] \tag{2-13}$$

然后令 $z^1(k)=\dfrac{x'(k)+x^1(k-1)}{z}$ 得到式（2-14）。

$$Z^1(X)=\left[Z^1(1)\,Z^1(2)\cdots\cdots Z^1(n)\right] \tag{2-14}$$

为了求得模型，需要知道发展灰数和内生控制灰数，而求取这两个系数则需要建立新的矩阵，B和Y，见式（2-15）。

$$B=\begin{pmatrix}-Z^1(2) & 1\\ -Z^1(3) & 1\\ -Z^1(4) & 1\\ \cdots & \\ -Z^1(n) & 1\end{pmatrix},Y=\begin{pmatrix}X^0(2)\\ X^0(3)\\ X^0(4)\\ \cdots\\ X^0(n)\end{pmatrix} \tag{2-15}$$

矩阵B和Y求得a和b的方法，见式（2-16）。

$$(B^T B)^{-1} B^T Y = \begin{pmatrix} a \\ b \end{pmatrix} \quad (2\text{-}16)$$

式中，a为发展灰数，b为内生控制灰数。

则G（1，1）预测模型的白化响应式和预测模型分别为式（2-17）、式（2-18）。

$$\widehat{X}^1(t+1) = [X^0(1) - \frac{b}{a}]e^{-at} + \frac{b}{a}, t = 1,2,3,\cdots,n \quad (2\text{-}17)$$

$$\widehat{X}^0(t+1) = \widehat{X}^1(t+1) - \widehat{X}^1(t) = (1-e^a)[X^0(1) - \frac{b}{a}]e^{-at}, t = 1,2,\cdots,n \quad (2\text{-}18)$$

2.2.3.2 G（1，1）累加模型检验

预测模型建立后，需要对模型进行残差、关联度和后差检验。

（1）残差检验由原始数列和预测数列得到绝对误差，见式（2-19）。

$$\varepsilon(k) = \widehat{X}^0(k) - X^0(k), k = 1,2,\cdots,n \quad (2\text{-}19)$$

则绝对误差序列见式（2-20）。

$$\varepsilon^0 = \left[\varepsilon^0(1)\ \varepsilon^0(2)\cdots\varepsilon^0(n)\right] \quad (2\text{-}20)$$

相对误差见式（2-21）。

$$\Delta(k) = \left|\frac{\widehat{X}^0(k) - X^0(k)}{X^0(k)}\right| \times 100\%, k = 1,2,\cdots,n \quad (2\text{-}21)$$

则相对误差序列见式（2-22）。

$$\Delta = \left[\Delta(1)\ \Delta(2)\cdots\Delta(n)\right] \quad (2\text{-}22)$$

平均相对误差见式（2-23）。

$$\overline{\Delta} = \frac{1}{n-1}\sum_{k=2}^{n}|\Delta_k| \quad (2\text{-}23)$$

平均相对精度见式（2-24）。

$$P=(1-\overline{\Delta})\times 100\% \tag{2-24}$$

如果$\Delta(k)<20\%$，$P>80\%$即为残差合格模型。

（2）关联度检验。根据绝对误差，计算第k个数据的关联系数ξ（k），见式（2-25）。

$$\xi(k)=\frac{\mathrm{Min}\left[\varepsilon(k)\right]+\rho\mathrm{Max}\left[\varepsilon(k)\right]}{\varepsilon(k)+\rho\mathrm{Max}\left[\varepsilon(k)\right]},k=1,2,\cdots,n \tag{2-25}$$

式中，ρ为分辨系数，本文取0.5。

则数列X^0对数列$\widehat{X}^1$的关联度见式（2-26）。

$$\xi=\frac{1}{n}\sum_{k=1}^{n}\xi(k) \tag{2-26}$$

当ρ为0.5，ξ大于0.6时，就可以成为关联度合格模型。

（3）后差检验。由原始数列X^0得到原始数列的均值$\overline{X^0}=\frac{1}{n}\sum_{k=1}^{n}x^0(k)$，则原始数列的方差见式（2-27）。

$$S_1^2=\frac{1}{n}\sum_{k=1}^{n}[x^0(k)-\overline{x^0}]^2\ ; \tag{2-27}$$

残差数列的均值$\overline{\varepsilon^0}=\frac{1}{n}\sum_{k=1}^{n}\varepsilon^0(k)$，残差的方差见式（2-28）

$$S_2^2=\frac{1}{n}\sum_{k=1}^{n}[\varepsilon^0(k)-\overline{\varepsilon^0}]^2 \tag{2-28}$$

则原始数列和数列残差的均方差比值C可按式（2-29）进行计算。

$$C=\frac{S_2}{S_1} \tag{2-29}$$

若C大于0.8则可称为均方差合格模型，而小误差概率$p=P\{|\varepsilon(k)-\bar{\varepsilon}|<0.674\,5S_1\}$大于0.6时，则可称为小误差概率模型。预测模型的精度可以按照表2-2参数值的大小加以划分。

表2-2　模型精度分级

Tab. 2-2　The precision of gray model

模型精度	一级	二级	三级	四级
相对误差（Δ）	0.01	0.05	0.10	0.20
关联度（ξ）	0.90	0.80	0.70	0.60
均方差（C）	0.35	0.50	0.65	0.80
小概率误差（p）	0.95	0.80	0.70	0.60

经检验后，如果模型符合要求，即可用所得预测模型进行预测。

2.2.4　气候倾向率的计算方法

气候倾向率可以反映某地区气象要素的趋势变化。一般采用一次线性方程表示，见式（2-30）、式（2-31）。

$$X_t = a_0 + a_1 t,\ t = 1,\ 2,\ \cdots,\ n\ （年） \tag{2-30}$$

$$\frac{\mathrm{d}x_t}{\mathrm{d}t} = a_1 \tag{2-31}$$

$a_1 \times 10$即为气候倾向率。

式中，X_t为某气象要素的时间序列；a_0为常数；a_1为系数；t为时间。

2.2.5　Thornthwaite Memorial气候生产潜力模型

Thornthwaite Memorial模型可以定量表征作物产量与温度、降水量和蒸发量之间的关系。其计算见式（2-32）。

$$W_v = 30\ 000[1 - \mathrm{e}^{-0.000\ 969\ 6(v-20)}] \tag{2-32}$$

式中，W_v为计算获得的作物气候生产潜力［kg/（hm^2·年）］；V为生育期平均蒸散量（mm），见式（2-33）；e为自然对数底数。

$$V=\frac{1.05R}{\sqrt{1+(\frac{1.05R}{L})}} \tag{2-33}$$

式中，R为生育期降水量（mm）；L为生育期平均最大蒸散量，见式（2-34）。

$$L=300+25T+0.05T^3 \tag{2-34}$$

式中，T为生育期平均温度（°C）。根据姚玉璧（2006）、梁瑞龙（1998）和高素华等（1994）的研究，仅当$R>0.316L$时，式（2-32）才适用，而当$R\leqslant 0.316L$时，$V=R$。

2.2.6 距平及距平百分率的计算方法

2.2.6.1 干旱指数

研究表明降水距平百分率、Z指数、标准化降水指数得到的旱涝情况与干旱实际发生情况比较一致，但降水距平百分率更为简单。祖世亨等（1996）的研究表明黑龙江农业主要受春旱和夏旱的影响，影响时段为5—8月，结合《干旱评估标准》，本研究对黑龙江省31个站点1986—2015年的4—8月降水数据计算降水距平百分率。降水距平百分率的计算方法见式（2-35）。

$$R_i=\frac{p_i-\overline{p}}{\overline{p}}\times 100\% \tag{2-35}$$

式中，R_i为第i年降水距平百分率；P_i为第i年实际降水；$\overline{p}$为降水平均值。

参照《干旱评估标准》中的指标（表2-3），得到各站点发生各级别干旱灾害的次数，然后利用黑龙江省干旱受灾率与各灾害级别次数进行多元线性拟合，见式（2-36）。

$$Y=a_0+a_1N_1+a_2N_2+a_3N_3+a_4N_4 \tag{2-36}$$

式中，Y为干旱灾害受灾率（%）；a_0为常数；a_1、a_2、a_3和a_4分别为轻度、中度、严重和特大干旱灾害系数，均≥0；N_1、N_2、N_3、N_4分别为黑龙江省统计时段内发生的轻度、中度、严重和特大干旱灾害次数。

则权重系数w_i，单站年均干旱指数f和省年均干旱指数F可通过式（2-37）至式（2-39）计算。

$$w_i = \frac{a_i}{\sum_{i=1}^{4} a_i} \tag{2-37}$$

$$f = \sum_{i=1}^{4} w_i n_i / k \tag{2-38}$$

$$F = \sum_{i=1}^{4} w_i N_i / M \tag{2-39}$$

式中，w_i为i级干旱的权重系数；f、F分别为单站和省年均干旱指数；n_i、N_i分别为单站和省i级别干旱发生的次数；k，M分别为年数和站点个数。然后分析黑龙江省干旱指数的空间分布特征。

表2-3　基于降水距平百分率的干旱等级划分

Tab. 2-3　Drought grade classification of precipitation anomaly percentage index

时间	计算时段	特大干旱	严重干旱	中度干旱	轻度干旱
春季3—5月	2个月	$R<-75$	$-75\leq R<-65$	$-65\leq R<-50$	$-50\leq R<-30$
夏季6—8月	1个月	$R<-80$	$-80\leq R<-60$	$-60\leq R<-40$	$-40\leq R<-20$
秋季9—11月	2个月	$R<-75$	$-75\leq R<-65$	$-65\leq R<-50$	$-50\leq R<-30$
冬季12月至翌年2月	3个月	$R<-55$	$-55\leq R<-45$	$-45\leq R<-35$	$-35\leq R<-25$

2.2.6.2　水稻延迟型冷害单站发生频率的计算方法

研究表明，利用5—9月平均气温和的距平来评价水稻冷害等级正确率较高。因此，本研究采用现行的国家标准《北方水稻低温冷害等级》（GB/T 34967—2017）中5—9月平均气温和的距平指标评估黑龙江省1986—2015年水稻延迟型冷害发生情况。水稻延迟冷害等级的判别指标见表2-4。

表2-4 北方水稻延迟冷害的判别指标

Tab. 2-4 The index of delayed chilling disaster of rice in northern China

等级	早熟区		中熟区		晚熟区	
	$\sum T_{5-9}\leqslant 83$	$83<\sum T_{5-9}\leqslant 88$	$88<\sum T_{5-9}\leqslant 93$	$93<\sum T_{5-9}\leqslant 98$	$98<\sum T_{5-9}\leqslant 103$	$\sum T_{5-9}>88$
轻度	$-1.5\leqslant\Delta T_{5-9}\leqslant-1.0$	$-1.9\leqslant\Delta T_{5-9}\leqslant-1.4$	$-2.1\leqslant\Delta T_{5-9}\leqslant-1.7$	$-2.6\leqslant\Delta T_{5-9}\leqslant-1.7$	$-3.1\leqslant\Delta T_{5-9}\leqslant-2.4$	$-3.6\leqslant\Delta T_{5-9}\leqslant-2.9$
中度	$-2.0\leqslant\Delta T_{5-9}\leqslant-1.5$	$-2.2\leqslant\Delta T_{5-9}\leqslant-1.9$	$-2.6\leqslant\Delta T_{5-9}\leqslant-2.1$	$-3.2\leqslant\Delta T_{5-9}\leqslant-2.6$	$-3.8\leqslant\Delta T_{5-9}\leqslant-3.1$	$-4.2\leqslant\Delta T_{5-9}\leqslant-3.6$
严重	$\Delta T_{5-9}\leqslant-2.0$	$\Delta T_{5-9}\leqslant-2.2$	$\Delta T_{5-9}\leqslant-2.6$	$\Delta T_{5-9}\leqslant-3.2$	$\Delta T_{5-9}\leqslant-3.8$	$\Delta T_{5-9}\leqslant-4.2$

水稻延迟型冷害单站发生频率按式（2-40）计算。

$$F_i=\frac{n_i}{N_i}\times100\% \qquad (2\text{-}40)$$

式中，F_i为第i站点水稻延迟型低温冷害发生频率（%）；n_i为第i站点的水稻延迟型低温冷害发生的总年数；N为第i站点的总年数。

水稻延迟型冷害全年发生频率按式（2-41）计算。

$$P_n=\frac{S_n}{S}\times100\% \qquad (2\text{-}41)$$

式中，P_n为第n年水稻延迟型低温冷害发生频率（%）；S_n为第n年的水稻延迟型低温冷害发生的总年数；S为研究站点总数。

2.2.7 趋势变率、距平分析、相关性分析、标准化处理法

采用Origin8.0、SPSS19.0和Excel2007等软件，利用趋势变率、距平分析、相关性分析、标准化处理等方法，对数据进行统计和分析后，依据世界气象组织对气候异常提出的判别标准如表2-5所示进行等级划分。

表2-5　气候因子距平标准等级划分

Tab. 2-5　Climatic factor anomaly classification

气温标准等级划分		降水量等级标准划分	
等级	划分标准	等级	划分标准
异常偏高	$2\sigma \leq \Delta T$	异常偏多	$80\% \leq \Delta R\%$
显著偏高	$1.5\sigma \leq \Delta T < 2\sigma$	显著偏多	$50\% \leq \Delta R\% < 80\%$
偏高	$\sigma < \Delta T < 1.5\sigma$	偏多	$25\% < \Delta R\% < 50\%$
正常	$-\sigma \leq \Delta T \leq \sigma$	正常	$-25\% \leq \Delta R\% \leq 25\%$
偏低	$-1.5\sigma < \Delta T < -\sigma$	偏少	$-50\% < \Delta R\% < -25\%$
显著偏低	$-2\sigma < \Delta T \leq -1.5\sigma$	显著偏少	$-80\% < \Delta R\% \leq -50\%$
异常偏低	$\Delta T \leq -2\sigma$	异常偏少	$\Delta R\% \leq -80\%$

注：σ为标准差；Δ*T*为平均气温距平；Δ*R*%为距平百分率。

2.2.8　玉米冷害强度等级判别方法

玉米冷害的强度、范围和程度均按照现行的行业标准《北方春玉米冷害评估技术规范》（QX/T 167—2012）中规定的方法和指标，具体见表2-6和表2-7。

表2-6　北方春玉米冷害强度判别指标

Tab. 2-6　Identification index of chilling injury intensity of spring maize in north China

等级	5—9月逐月平均气温值和的多年平均值$\bar{T}$						单产减产参考值（%）
	$\bar{T} \leq 80$	$80 < \bar{T} \leq 85$	$85 < \bar{T} \leq 90$	$90 < \bar{T} \leq 95$	$95 < \bar{T} \leq 100$	$100 < \bar{T} \leq 105$	
轻度	$-1.4 < \Delta T \leq -1.1$	$-1.9 < \Delta T \leq -1.4$	$-2.4 < \Delta T \leq -1.7$	$-2.9 < \Delta T \leq -2.0$	$-3.1 < \Delta T \leq -2.2$	$-3.3 < \Delta T \leq -2.3$	$5 \leq \Delta Y < 10$
中度	$-1.7 < \Delta T \leq -1.4$	$-2.4 < \Delta T \leq -1.9$	$-3.1 < \Delta T \leq -2.4$	$-3.7 < \Delta T \leq -2.9$	$-4.1 < \Delta T \leq -3.1$	$-4.4 < \Delta T \leq -3.3$	$10 \leq \Delta Y < 15$
重度	$\Delta Y \leq -1.7$	$\Delta Y \leq -2.4$	$\Delta Y \leq -3.1$	$\Delta Y \leq -3.7$	$\Delta Y \leq -4.1$	$\Delta Y \leq -4.4$	$\Delta Y \geq 15$

表2-7 北方春玉米影响范围评估

Tab. 2-7 Evaluation of chilling injury scope of spring maize in north China

影响范围	发生轻度及其以上冷害的气象站数占评估趋于总站数的百分比P（%）
局部冷害	$P<20$
区域冷害	$20\leqslant P<50$
大范围冷害	$P\geqslant 50$

3

黑龙江省近30年气候变化特征

气候变化是当今社会普遍关注的全球性问题，全球气候变化不仅影响人类生存环境，而且也影响世界经济的发展和社会的进步。近100年来地球气候正经历一次以全球变暖为主要特征的显著变化，这种变暖是由自然气候波动和人类活动共同引起的。为此，针对气候变化的研究成为气候学研究的重要问题之一，张兰生等（1988）对中国气候变化在不同区域的特征进行了研究，孙凤华等（2006）对中国东北地区的气温变化进行了研究，侯依玲等（2005）对中国东北地区降水量的变化进行了研究，任国玉等（2005）对中国近50年地面气候的变化进行了研究，白美兰等（2008）以内蒙古呼伦湖区域为研究对象，分析了气候变化对其生态环境的影响，气候变化不仅会对生态环境产生不利影响，也会对不同区域的农业产生巨大影响，使其产量波动性大，种植熟制变化较大，因而研究不同区域的气候变化具有重大意义。

黑龙江省位于中国东北最北部地区，东西分布有三江平原和松嫩平原，土地肥沃，物产丰富，全省耕地面积约为1 719.5万hm^2，是中国最大的商品粮生产基地。但由于黑龙江省四季气候变化差异显著，其农业生态系统受其影响而波动性强，因而研究其气候变化特征对农业生产意义重大。

气象因子是影响其他事物发展变化的气象原因或条件，包括气温、气流、气湿、气压等。其中，与黑龙江省农业生产密切相关的气象因子主要有温度和降水等。因此，本章采用Origin2015软件对黑龙江省31个站点1986—2015年的日照时数、温度、降水的数据进行统计和分析。利用5年距平滑动平均、M-K、Morlet小波法研究变化特征及变化趋势，并探讨其空间分布特征，以期为黑龙江省的气候变化监测、农事操作和生态建设提供基础数据支持。

3.1 温度时空变化特征

3.1.1 气温时间变化特征

黑龙江省处在暖温带向寒带、湿润区向半干旱区过渡的地带，具有季风气候特征明显、大陆性气候特征突出、温度变化幅度大等特点。从各月气温来看（图3-1），1月是最冷的月份，平均温度为-19.5℃，7月是黑龙江省最热的月份，平均温度为22.25℃。黑龙江省5—9月的各月气温变化对农业生产的影响显著。根据黑龙江省的农业统计资料可知，黑龙江省在4—5月容易发生倒春寒的现象，此时玉米、水稻和大豆等农作物的幼苗容易受损。而5—9月是农作物的生长期，此时段温度过低会影响农作物的生长发育，从而影响农作物产量和品质。1986—2015年黑龙江省各月平均温度的变化符合公式$y=-1.331x^2+18.1217x-42.2397$（$R^2=0.9501$）（图3-1）。该公式通过了ANOVA（Analysis of Variance）分析，$F_{value}=106.4$，$Prob>F=5.46\times10^{-7}$。因此，可以利用该公式在已知前几个月温度的条件下，预估未来几个月如春耕、生长期间温度的变化情况，根据温度的变化情况及时调整育苗、插秧和播种的时间，或对可能出现的低温冷害情况采取适当的预防措施。

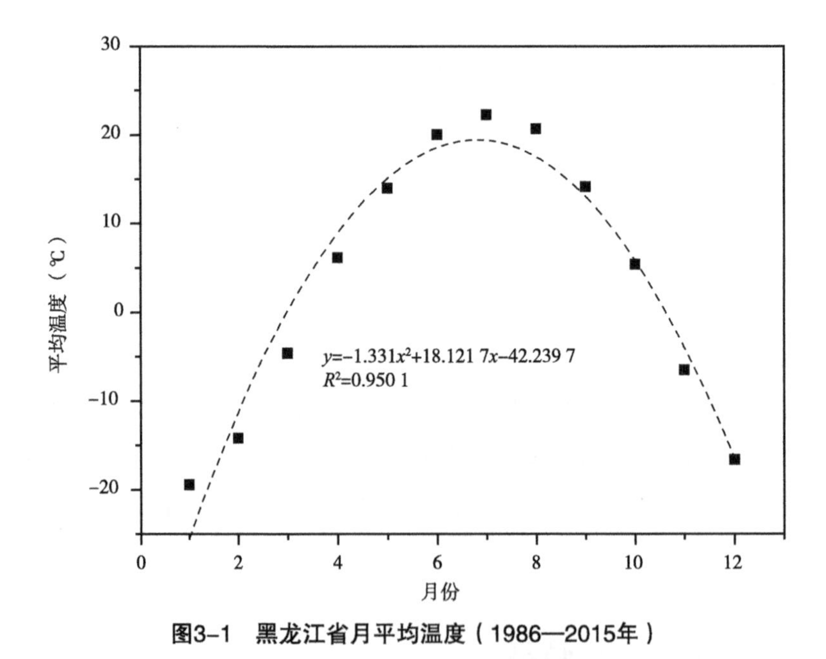

图3-1　黑龙江省月平均温度（1986—2015年）

Fig. 3-1　Monthly average temperature in Heilongjiang Province（1986—2015）

1986—2015年黑龙江省的年平均气温为3.43℃，变化特征如图3-2所示。从多年变化趋势看，年平均气温呈缓慢升高的趋势，与全国气温变化趋势相近。其中，年平均气温最高出现在2007年，最低出现在1987年，通过线性倾向分析得出，黑龙江省的平均气温自1986年以来气候倾向率为0.12℃/10

年，且线性变化趋势较明显（通过0.05水平的*F*分布显著性检验）。

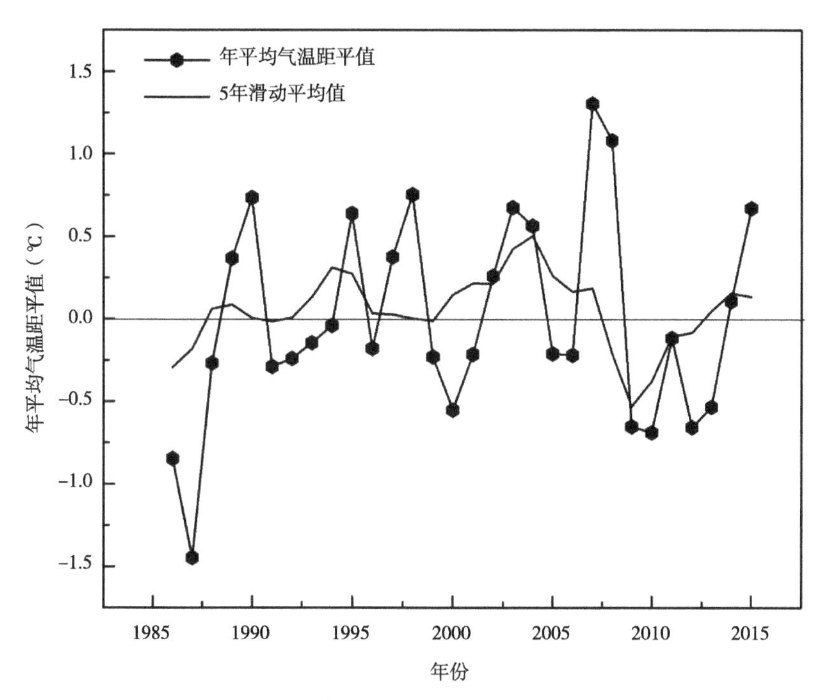

图3-2 1986—2015年黑龙江省年平均气温距平值逐年变化

Fig. 3-2 Annual variation of temperature anomalies in Heilongjiang Province from 1986 to 2015

3.1.2 气温突变特征分析

利用Mann-Kendall突变法对黑龙江地区1986—2015年的平均气温进行突变检验分析，如图3-3所示。*UF*曲线呈标准正态分布，显著性水平为0.05，1988—2015年的*UF*数值都大于0，这说明从20世纪90年代开始，平均气温逐渐升高，气温序列呈明显的上升趋势。*UF*曲线在1995年、1997—1999年和2008年超过置信水平线，说明这几年内气温突变趋势显著。*UF*曲线在置信区间内与*UB*曲线有3个交点，即突变点出现在1987—1988年、2008—2009年和2014—2015年，但根据交叉点以及*UF*和*UB*线的绝对值情况来看，并没有明显突破±0.05的置信水平线，因此可以大体判定黑龙江省的气温变化整体比较平稳，没有特别明显的突变年份。

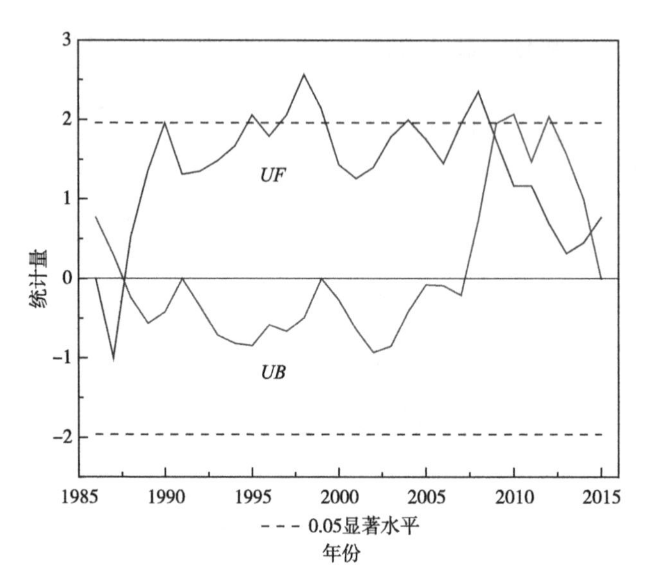

图3-3　1986—2015年黑龙江省平均气温突变性检验曲线

Fig. 3-3　Mann-Kendallcurves of annual mean air temperature in Heilongjiang Province from 1986 to 2015

3.1.3　周期变化分析

图3-4为1986—2015年黑龙江省年平均气温的Morlet小波变换系数的实部时频变换，正值表示气温偏高，负值表示气温偏低。图3-4中可以看出年平均气温小波系数等值线在6～8年和15～18年时间尺度上较为密集，且发生了正负相位交替出现的现象，较强周期振荡几乎存在于整个研究时域内，周期性表现十分显著，在25～30年尺度周期上表现为负正相位交替出现的现象，周期性振荡表现得比较明显。

典型尺度（主周期）的年平均气温过程线可以揭示小波分析的多尺度变化，也能体现其预测趋势。如图3-5所示，小波方差图有3个相对明显的峰值，分别对应6年、16年和26年的时间尺度，均有一定的波动能量，而在6年以下时间尺度、7～15年以及16～26年的时间尺度上，波动能量都比较微弱，6年和26年时间尺度上存在的周期性变化，仍需要更长时间的验证，因此可知，黑龙江省的年平均温度在中小尺度上的变化有16年的主周期，另外还存在6年和26年的变化周期。

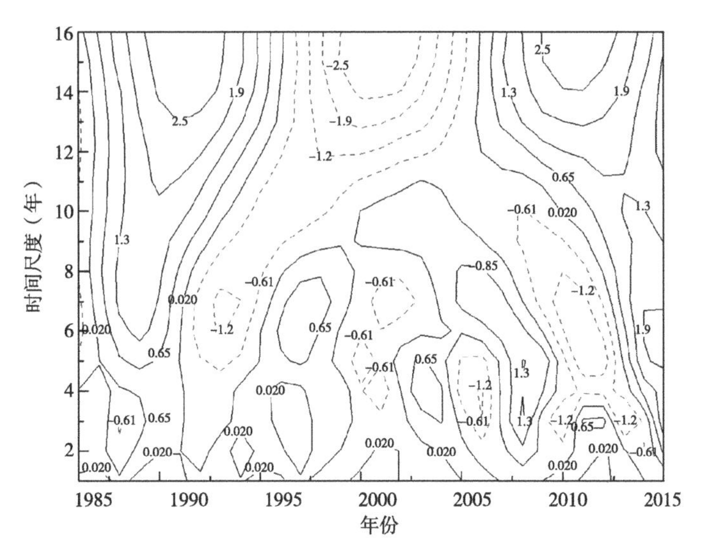

图3-4　1986—2015年黑龙江省平均气温小波系数变化

Fig. 3-4　Variation of Morlet wavelet coefficients of annual mean air temperature in Heilongjiang Province from 1986 to 2015

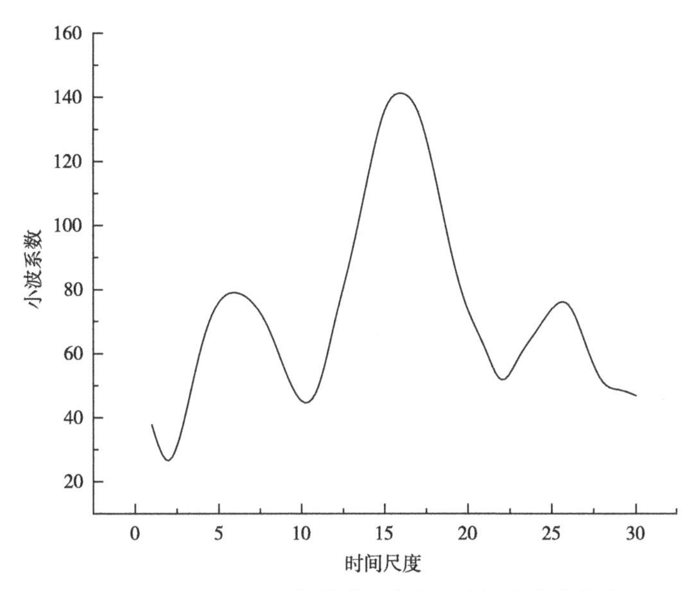

图3-5　1986—2015年黑龙江省年平均温度小波方差

Fig. 3-5　Morlet wavelet variance of annual mean air temperature in Heilongjiang Province from 1986 to 2015

如图3-6所示，黑龙江年平均气温在6年时间尺度上经历了3个正负相位的波动，平均变化周期为9年。其中，1987—1991年、1995—1998年、2005—2008年和2013—2015年小波系数处于正相位，表明这些年份黑龙江省年平均气温相对偏高，而小波系数处于负相位的年份，表明黑龙江省年平均气温相对偏低，在6年时间尺度上，1986—2015年存在的回归关系见式（3-1）。

$$y = 0.10 + 0.81 \times \sin(\pi \times \frac{x + 61.81}{3.10})\ (R^2 = 0.301) \tag{3-1}$$

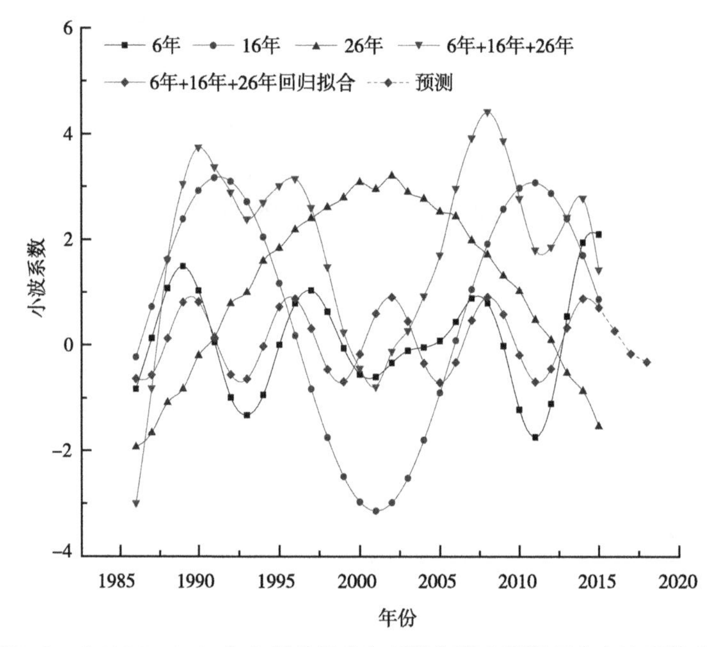

图3-6 （1986—2015年）黑龙江省年平均气温主周期尺度小波系数变化

Fig. 3-6 Variation morlet wavelet coefficients on major cycle scale of annual mean air temperature in Heilongjiang Province from 1986 to 2015

在16年时间尺度上，黑龙江省年平均气温的平均变化周期为20年，其中1987—1996年、2006—2015年小波系数处于正相位，表明这些年份黑龙江省年平均气温相对偏高，在16年时间尺度上，1986—2015年存在的回归关系见式（3-2）。

$$y = 0.21 + 3.13 \times \sin(\pi \times \frac{x - 689.22}{9.83})\ (R^2 = 0.999) \tag{3-2}$$

在26年时间尺度上，1991—2012年小波系数处于正相位，表明这些年份黑龙江省年平均气温相对偏高，在26年时间尺度上，1986—2015年存在的回归关系见式（3-3）。

$$y = -0.44 + 3.46 \times \sin(\pi \times \frac{x + 1\ 096.35}{23.38})\ (R^2 = 0.996) \tag{3-3}$$

3个周期6年、16年、26年叠加的总过程线，代表着1986—2015年黑龙江省年平均气温在总时间尺度的变化情况，依次经历了1986—1987年2年的负相位，1988—1999年12年的正相位，2000—2002年3年的负相位，以及2004—2015年13年的正相位。由此可知，1986—2015年，黑龙江省的年平均气温的波动主要受到6年、16年和26年这3个周期时间尺度的影响，其拟合式（3-4）所示，叠加后的年平均温度主要受时间尺度16年的影响。

$$y = 1.71 + 2.03 \times \sin(\pi \times \frac{x + 164.77}{8.16})\ (R^2 = 0.640) \tag{3-4}$$

通过式（3-4）可以预测未来几年黑龙江省年平均温度变化情况。

3.1.4　空间变化特征

如表3-1所示，1986—2015年黑龙江省年平均温度空间分布地理差异显著，规律明显。黑龙江省从南向北温度依次递减，体现出较明显的纬度地带性，不同纬度的年平均温度差别较大。其中，处于东南方向的勃利县、集贤县、宝清县、穆棱市和宁安市以及正北方向的泰来县、龙江县、肇源县、安达县、哈尔滨市、双城区和五常市等地的年平均温度高于其他地区；泰来县、哈尔滨市、肇源县等地的年平均温度均在5℃以上。

表3-1　各地区年平均温度和变化速率

Tab. 3-1　The annual mean temperature and change rate of each station in Heilongjiang Province

站点	平均温度（℃）	变化速率（℃/年）	站点	平均温度（℃）	变化速率（℃/年）
哈尔滨	5.03	0.034	牡丹江穆棱	4.011	0.008 7
七台河勃利	4.967 8	0.010 9	绥化青冈	3.611 7	0.017 8
绥化安达	4.326	0.012 7	齐齐哈尔泰来	5.21	−0.011
齐齐哈尔克山	2.385	0.016 5	哈尔滨尚志	2.585 6	−0.625 6
双鸭山集贤	4.684	−0.000 3	齐齐哈尔龙江	4.69	0.014 7
大庆肇源	5.02	−0.000 2	佳木斯佳木斯	4.070 3	−0.005
黑河嫩江	1.0	0.023 3	佳木斯汤原	3.47	0.009
牡丹江宁安	4.379 7	0.004 3	齐齐哈尔富裕	3.402	0.019 8
绥化海伦	2.457	0.040 2	哈尔滨巴彦	3.406	0.015 7
哈尔滨五常	4.739 7	0.011 5	黑河德都	1.042	−0.010 8
绥化庆安	3.084	0.018 1	双鸭山饶河	2.89	0.018 1
双鸭山宝清	4.60	0.014 1	伊春嘉荫	0.766	0.007 4
黑河黑河	1.137	0.020 6	佳木斯富锦	3.506	−0.025 5
齐齐哈尔拜泉	2.402	0.008 4	哈尔滨双城	4.956	0.008 4
大兴安岭呼玛	−0.210 6	0.015 4	鸡西虎林	3.919 4	0.007 6
哈尔滨方正	3.920 6	0.019			

3.2　降水量时空变化特征

3.2.1　降水量时间变化特征

如图3-7所示，黑龙江省的降水分布比较集中，60%以上的降水集中在夏季（6—8月），春季（3—5月）降水占总降水量的15.5%。冬季（12月至翌年2月）和秋季（9—11月）降水量分别占全年的19.25%和17.6%。由此可见，黑龙江省春季降水量最少，而4—5月是黑龙江省开始春种的季节，例如水稻4月中下旬开始水稻育苗，5月中旬左右开始插秧，而玉米在5月开始播种，所以春季降水多数难以满足黑龙江省农业对降水需求，易发生春旱，尤其是黑龙江省的西南部地区尤为严重，素有“十年九春旱”的说法。黑龙江省各月降水量的变化符合式（3-5）。

$$y = 8.59 + 123.99e^{\frac{-(x-7.16)}{3.64}} \qquad (3\text{-}5)$$
$$R^2 = 0.981$$

该公式经过ANOVA分析，得到F_{value}=289.250 1，$Prob>F$=1.707×10^{-8}，可以在已知1—3月降水量的基础上，利用该公式对黑龙经省5—9月的降水进行预测，从而对即将发生的干旱或洪涝等气象灾害提早采取预防措施，从而达到防灾减灾的目的。

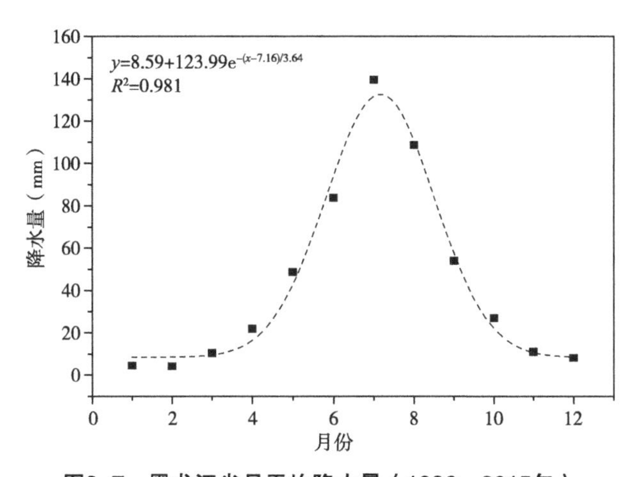

图3-7 黑龙江省月平均降水量（1986—2015年）

Fig. 3-8 The monthly average precipitation in Heilongjiang Province（1986—2015）

1986—2015年黑龙江省的平均年降水量为522.08mm，人均占有量与亩均占有量均低于全国平均水平，水资源较不丰富。降水不足，降水量小于蒸发量，导致干旱增加，水资源减少。其中2001年的降水量最少，1994年的降水量相对较丰富，变化特征如图3-8所示，通过线性倾向分析得出，黑龙江省的平均降水量自1986年以来气候倾向率为4.31mm/10年，且线性变化趋势较明显（通过0.05水平的*F*分布显著性检验），这与王秀芳等（2011）认为“1980—2010年黑龙江省降水量的气候倾向率为-23mm/10年”的研究结果稍有差异，究其原因可能是由于2011—2015年的年均降水量普遍偏高，尤其是2012年和2013年累积降水量达到625.26mm和679.49mm，使得近几年降水量有上升的趋势。

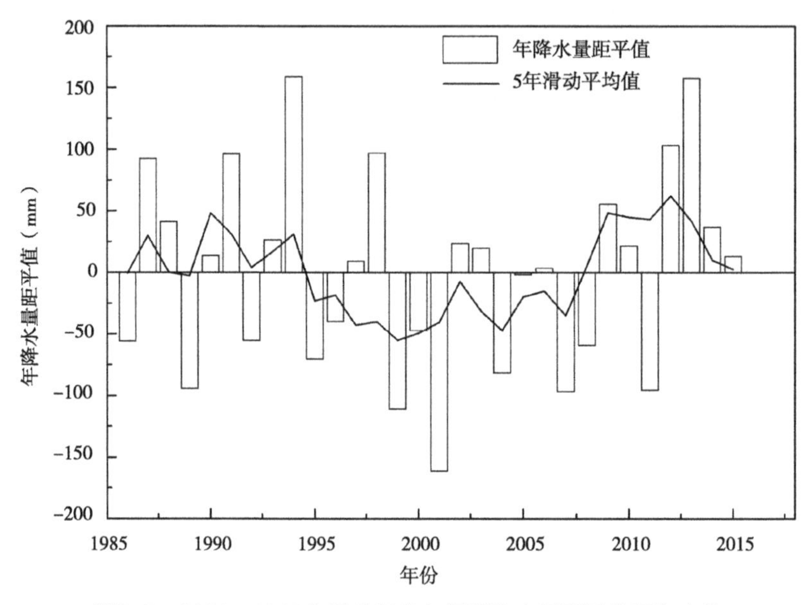

图3-8　1986—2015年黑龙江省年平均降水量距平值逐年变化

Fig. 3-8　Annual variation of precipitation anomalies in Heilongjiang Province from 1986 to 2015

3.2.2　降水量突变特征分析

1986—2015年黑龙江省年平均降水量的M-K突变检验分析如图3-9所示，*UF*曲线呈标准正态分布，显著性水平为0.05，1986—1999年，除去1989年和1990年*UF*曲线基本在0值以下，其余均大于0值，说明此时年降水量逐渐升高，降水量呈明显上升趋势。1999年以后，*UF*曲线基本在0值以下，此时期降水量呈现出下降趋势，*UF*与*UB*曲线有多个交叉点，但均在置信水平范围内，说明该区域年平均降水量在1986—2015年不存在显著性突变时间点。

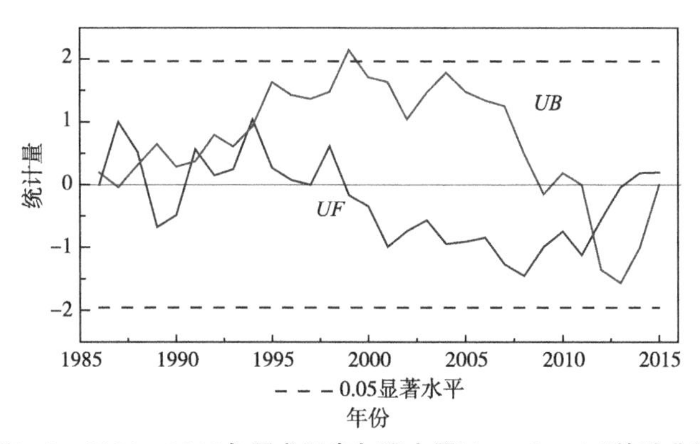

图3-9 1986—2015年黑龙江省年降水量Mann-kendall检验曲线

Fig. 3-9 Mann-Kendall curves of annual mean precipitation in Heilongjiang Province from 1986 to 2015

3.2.3 降水量的周期性变化分析

通过对近30年来黑龙江省年降水量的统计分析，发现年降水量具有较为明显的多时间尺度特征。如图3-10所示。其中，在5～7年、15～17年尺度周期表现出正负相位交替出现的现象，较强周期振荡几乎存在于整个研究时域内，周期性表现十分显著；在25～30年尺度周期上表现出负正相位交替出现的现象，周期性振荡表现得比较明显。

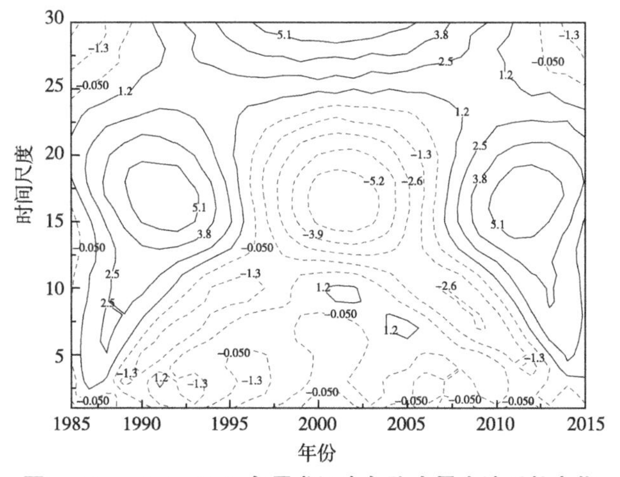

图3-10 1986—2015年黑龙江省年降水量小波系数变化

Fig. 3-10 Variation of morlet wavelet coefficients of annual mean precipitation in Heilongjiang Province from 1986 to 2015

如图3-11所示，小波方差图有3个相对明显的峰值，分别对应6年、16年和27年的时间尺度，均有一定的波动能量，而在6年以下时间尺度、7～15年以及16～27年的时间尺度上，波动能量都比较微弱，因此可知，黑龙江省的年降水量在中小尺度上的变化有6年、16年和27年3个主周期。

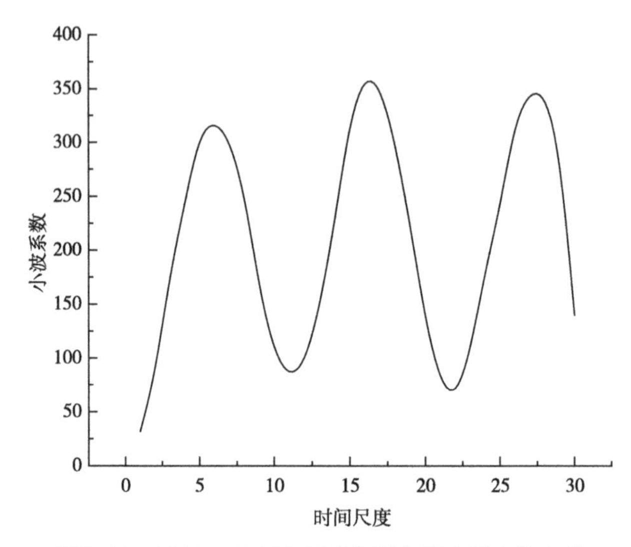

图3-11　1986—2015年黑龙江省年降水量小波方差

Fig. 3-11　Morlet wavelet variance of annual mean precipitation in Heilongjiang Province from 1986 to 2015

如图3-12所示，黑龙江省年平均降水在6年时间尺度上经历了3个正负相位的波动，平均变化周期为9年。其中，1986—1989年、1994—1998年、2003—2007年和2012—2015年小波系数处于正相位，表明这些年份年降水量相对偏多，而小波系数处于负相位的年份，表明年降水量相对偏少，在6年时间尺度上，1986—2015年存在的回归关系见式（3-6）。

$$y = 0.12 + 1.68 \times \sin(\pi \times \frac{x - 240.87}{4.41})(R^2 = 0.755) \quad （3\text{-}6）$$

在16年时间尺度上，黑龙江省年降水量的平均变化周期为21年。其中，1987—1996年、2007—2015年小波系数处于正相位，表明这些年份年降水量相对偏多，在16年时间尺度上，1986—2015年存在的回归关系见式（3-7）。

$$y = -0.054 + 6.32 \times \sin(\pi \times \frac{x - 648.52}{10.13}) \ (R^2 = 0.999) \quad (3-7)$$

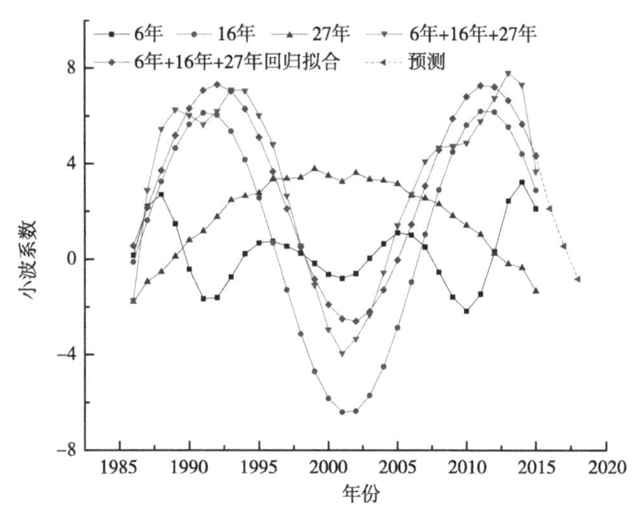

图3-12　1986—2015年黑龙江省年平均降水主周期尺度小波系数变化

Fig. 3-12　Variation morlet wavelet coefficients on major cycle scale of annual mean precipitation in Heilongjiang Province from 1986 to 2015

在27年时间尺度上，1989—2012年小波系数处于正相位，表明这些年份年降水量相对偏多，在27年时间尺度上，1986—2015年存在的回归关系见式（3-8）。

$$y = -31.06 + 34.67 \times \sin(\pi \times \frac{x + 8\ 946.82}{82.62}) \ (R^2 = 0.989) \quad (3-8)$$

3个主周期6年、16年、27年叠加的总过程线，代表着1986—2015年黑龙江省年降水量在总时间尺度的变化情况，依次经历了1986年1年的负相位，1987—1998年12年的正相位，以及2005—2015年11年的正相位。由此可知，1986—2015年，黑龙江省年降水量的波动主要受到6年、16年和27年3个主周期时间尺度的影响，其拟合如式（3-9）所示。

$$y = 2.35 + 4.96 \times \sin(\pi \times \frac{x - 705.01}{9.71}) \ (R^2 = 0.888) \quad (3-9)$$

叠加后的年降水量主要受时间尺度6年、16年和27年的影响。通过式（3-9）可以预测未来几年黑龙江省年降水量变化情况，计算可知2016—2018年的年降水量呈现逐年递减趋势。其中，2016—2017年高于年平均值，2018年均低于年平均值，符合降水的实际变化情况。

3.2.4 降水量变化趋势的空间特征

由表3-2可知，黑龙江省年降水量空间分布地理差异显著，规律明显。以尚志市为中心，降水量向四周逐渐递减，体现出较明显的经度地带性，不同经度的降水量差别较大。黑龙江省西部地区年降水量比较低，嫩江市、安达县、富裕县、呼玛县、肇源县、泰来县、龙江县等地的降水量均低于500mm；中部地区降水量比较高，巴彦县、尚志市、方正县等地降水量均高于580mm，其中尚志市的降水量最高为638.36mm。

表3-2 各地区平均年降水量和变化速率

Tab. 3-2 The annual mean precipitation and change rate of each station in Heilongjiang Province

站点	平均年降水量（mm）	变化速率（mm/年）	站点	平均年降水量（mm）	变化速率（mm/年）
哈尔滨	524.8	−1.269	佳木斯佳木斯	550.853	2.763 2
哈尔滨五常	581.096 7	0.023	佳木斯汤原	554.65	2.617 3
哈尔滨方正	588.77	−1.690 3	佳木斯富锦	449.47	1.986 3
哈尔滨尚志	638.36	−5.223 6	双鸭山集贤	535.33	−0.656 8
哈尔滨巴彦	591.06	−0.445 5	双鸭山宝清	486.436 7	2.103 9
哈尔滨双城	493.963 3	3.444 7	双鸭山饶河	578.777	3.727 8
绥化青冈	494.64	0.705 7	黑河嫩江	477.597	2.675
绥化安达	442.49	2.014 5	黑河德都	525.43	0.588
绥化海伦	564.25	1.897 3	黑河黑河	526.943	2.039
绥化庆安	560.287	0.329	伊春嘉荫	578.09	2.188 5
齐齐哈尔克山	522.43	1.266 9	七台河勃利	502.836 7	0.613 7
齐齐哈尔龙江	480.637	0.476 5	鸡西虎林	593.506 7	4.381 4

（续表）

站点	平均年降水量（mm）	变化速率（mm/年）	站点	平均年降水量（mm）	变化速率（mm/年）
齐齐哈尔富裕	449.47	1.986 3	大兴安岭呼玛	455.123 3	−2.57
齐齐哈尔泰来	406.907	−1.123 2	牡丹江宁安	530.916 7	−2.587
齐齐哈尔拜泉	515.27	2.419 5	牡丹江穆棱	517.453 3	−2.240 3
大庆肇源	416.68	−1.250 8			

3.3 日照时数变化特征

3.3.1 日照时数的年际变化特征

黑龙江省太阳辐射资源丰富，与长江中下游差不多，年太阳辐射总量在（44～50）×10^8 J/m^2。如图3-13所示，在1986—2015年，黑龙江省年日照时数在2 322～2 711h，30年平均日照时数为2 517.18h，年日照时数最多为2001年的2 710.92h，最少发生在2015年，为2 322.95h，两者相差387.97h。近30年，日照时数以每年4.1h的时间减少。56.67%年份中的日照时数大于平均值。长日照时数集中在1995—2011年，在该时间段内76.5%年份的日照时数高于年均值。

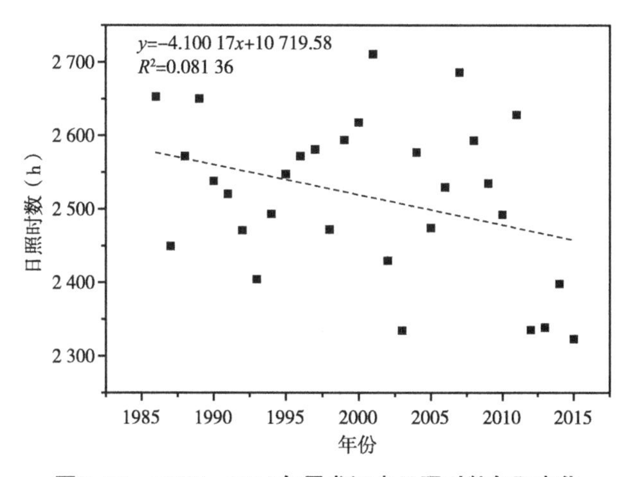

图3-13 1986—2015年黑龙江省日照时数年际变化

Fig. 3-13 Interannual changes of sunshine hours in Heilongjiang Province from 1986 to 2015

3.3.2 日照时数的月变化特征

从图3-14可知，黑龙江省的月平均日照时数在140～250h变化，其变化符合式（3-10）。

$$y=-2.891\ 1x^2+34.479\ 8x+142.250\ 4\ (R^2=0.927) \qquad (3\text{-}10)$$

该公式通过了ANOVA验证，得到$F_{value}=70.45$，$Prob>F=3.185\times10^{-6}$，所以可以利用该公式对黑龙江省月日照时数进行预估。黑龙江省的日照时数主要受季节的影响，春季最多，冬季最少。春（3—5月）、夏（6—8月）、秋（9—11月）和冬（12月至翌年2月）的日照时数分别为712.49h、707.54h、587.50h和509.64h，占总日照时数的28.30%、28.10%、23.34%和20.25%。冬季太阳直射点向南回归线移动，导致黑龙江省夜长昼短，所以日照时数最少。春季太阳直射点已从南回归线向北回归线移动，白昼时间逐渐变长，且主要以晴天为主，所以日照时数最多。夏季虽然逐渐昼长夜短，但是因夏季是黑龙江省的主要降水时段，阴雨天气较多，所以其日照时数虽然比冬季和秋季长，但比春季要少一些。1986—2015年，生长期间的日照时数为1 178.61h，占总日照时数的46.82%。玉米、水稻和大豆都是喜光的粮食作物，因此在生长期间需要保证足够的光照来满足其生长发育的需求。

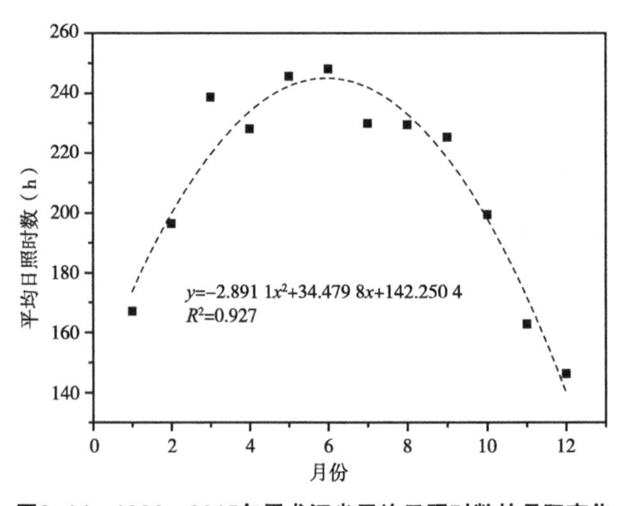

图3-14 1986—2015年黑龙江省平均日照时数的月际变化

Fig. 3-14 The monthly sunshine hours in Heilongjiang province from 1986 to 2015

3.3.3 日照时数的Morlet小波分析

利用Morlet小波分析法研究了平均日照时数时间序列的变化特点。图3-15为日照时数的Morlet小波系数在各个时间尺度上正相位（小波系数>0）、负相位（小波系数<0）的振荡情况。由图3-15可知黑龙江省的年平均日照时数在5～10年和12～22年时间尺度存在周期振荡变化。在5～10年时间尺度上，日照时数经历了负相位—正相位的准2.5次振荡。在12～25年时间尺度上，日照时数的周期性振荡较强且是全域性的，先后经历了负相位—正相位—负相位的准1.5次振荡。

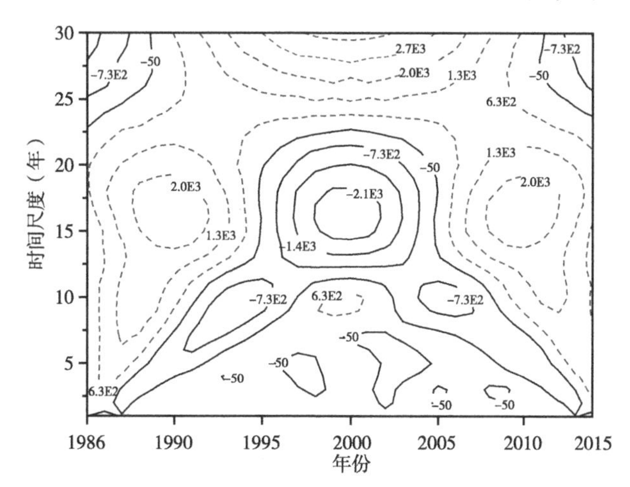

图3-15 1986—2015年黑龙江省日照时数的Morlet小波系数

Fig 3-15 Morlet wavelet coefficients of sunshine hours in Heilongjiang Province from 1986 to 2015

通过小波方差可知在研究的时间段内，1986—2015年的平均日照时数在各时间尺度下的周期波动的强弱变化情况，并据其可以确定其主要时间尺度。由图3-16可知16年时间尺度为1986—2015年黑龙江省平均日照时数变化的主周期，其次还存在着10年尺度的变化周期。

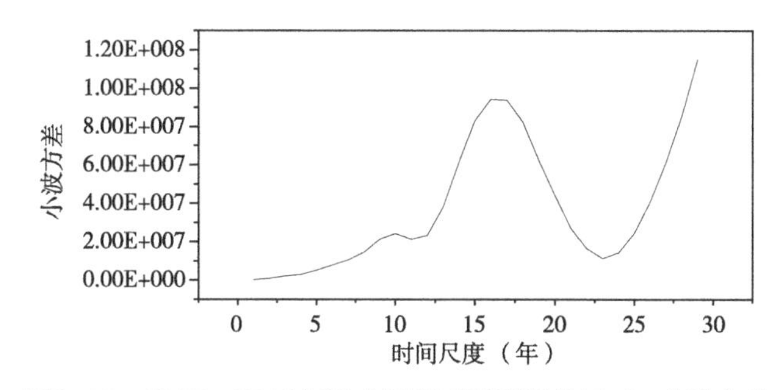

图3-16 1986—2015年黑龙江省日照时数的Morlet小波方差

Fig. 3-16 Morlet wavelet variance of sunshine hours in Heilongjiang Province from 1986 to 2015

黑龙江省平均日照时数的主周期小波系数随时间的变化如图3-17所示。由图3-17可知日照时数周期波动的正负相位变化和突变点。在10年特征时间尺度上，小波系数经历了2.5个正相位—负相位振荡，总体上存在着13年的周期性变化。其中，正相位与负相位转变的时间发生于1992—1993年、1998—1999年、2003—2004年和2009—2010年，即突变点亦位于该时间段内。在该时间尺度上，1986—1992年、1999—2003年和2010—2015年日照时数的小波系数处于正相位，表明这些年份日照时数较长，高于平均值，而其他年份的小波系数处于负相位，表明这些年份的日照时数低于平均值，时长是减少的。正相位年份时间段长5 ~ 6年，下一个正相位出现在6年之后。在10年特征时间尺度上，小波系数的振荡变化符合式（3-11）。

$$y=90.112\ 57+1214.597\ 21\times\sin\left[\frac{\pi(x+332.093\ 64)}{5.854\ 06}\right]R^2=0.915 \qquad (3\text{-}11)$$

公式通过了ANOVA验证，得到F_{value}=84.74，$Prob>F$=1.511 × 10^{-13}，所以该公式的准确度较好。在16年特征时间尺度上，受灾率的平均变化周期为21年。其中，1986—1995年、2006—2015年小波系数处于正相位，其他年份处在负相位，正相位时间段长10年，负相位时间段长10年，突变点位于1995—1996年和2005—2006年。其拟合方程为式（3-12）。

$$y=0.149\ 24+2\ 508.032\ 03\times\sin\left[\frac{\pi(x-662.859\ 77)}{10.022\ 33}\right],R^2=0.999\ 83 \qquad (3\text{-}12)$$

公式通过了ANOVA验证，得到F_{value}=47 915.041 89，$Prob>F$=0，所以该公式的准确度非常好。主周期10年和16年的小波系数叠加后，1986—1994年和2008—2015年为正相位区间，正相位时间段长分别为9年和8年，负相位时间长度为13年。因此，在1986—2015年时间段内，黑龙江省日照时数主要受16年尺度振荡变化的控制，叠加之后的日照时数大于零和小于零的部分主要受时间尺度16年的影响。图3-17中黑色三角是10年和16年叠加的情况，灰色三角是对2015年之后日照时数的预测值。由图3-17可知，2015年之后，黑龙江省日照时数均处在负相位，低于年均值，日照时数减少。可根据预测情况选生长期短、对光照要求低的晚熟品种来应对日照时数减少的情况。

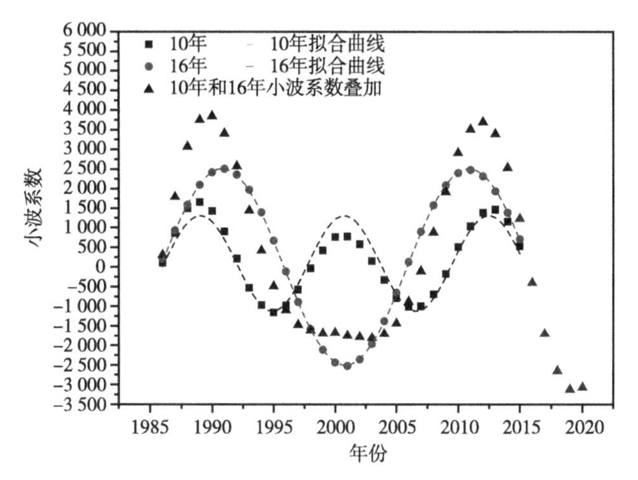

图3-17 1986—2015年黑龙江省日照时数的Morlet小波系数

Fig. 3-17 Morlet wavelet coefficient of sunshine hours in Heilongjiang Province from 1986 to 2015

3.3.4 日照时数的空间变化特征

由表3-3可知，在黑龙江省31个站点中，有13个站点的日照时数小于2 500h，8个站点的日照时数大于2 500h，但小于2 600h，黑河的黑河、嫩江、德都，齐齐哈尔克山、龙江、泰来，绥化的青冈、安达、庆安，以及哈尔滨的双城等10个站点的日照时数在2 600～2 755h范围内变化。在1986—2015年，黑龙江省黑河德都、双鸭山饶河、伊春嘉荫、佳木斯富锦、哈尔滨双城和鸡西虎林6个站点的日照时数是增长的，其增长速率依次为鸡西虎林（24.4h/年）>哈尔滨双城（7.62h/年）>佳木斯富锦（5.56h/年）>伊春嘉荫（2.67h/年）>双鸭山饶河（2.59h/年）和黑河德都（1.18h/年）。其余80.6%站点的全年日照时数变化与年代际变化趋势一致，是减少的，但减少的速率差异较大，其中哈尔滨市的日照时数下降速率最大，达到了16.29h/年，同样是该市的巴彦县日照时数减少速率最小，为0.19h/年。

表3-3 各地区日照时数和变化速率

Tab. 3-3 The sunshine hour and change rate of each station in Heilongjiang Province

站点	日照时数（h）	变化速率（h/年）	站点	日照时数（h）	变化速率（h/年）
哈尔滨	2 326.736 667	−16.29	牡丹江穆棱	2 466.94	−4.96
七台河勃利	2 336.993 333	−13.54	绥化青冈	2 736.3	−4.13
绥化安达	2 618.406 667	−12.96	齐齐哈尔泰来	2 736.3	−3.89
齐齐哈尔克山	2 613.68	−12.10	哈尔滨尚志	2 414.64	−3.64
双鸭山集贤	2 511.343 333	−10.90	齐齐哈尔龙江	2 652.716 667	−3.34
大庆肇源	2 593.423 333	−9.58	佳木斯佳木斯	2 387.403 333	−3.03
黑河嫩江	2 642.46	−8.32	佳木斯汤原	2 460.706 667	−2.88
牡丹江宁安	2 554.016 667	−8.26	齐齐哈尔富裕	2 573.933 333	−1.87
绥化海伦	2 572.983 333	−7.96	哈尔滨巴彦	2 523.166 667	−0.19
哈尔滨五常	2 320.483 333	−7.29	黑河德都	2 755.406 667	1.18
绥化庆安	2 627.73	−6.68	双鸭山饶河	2 378.833 333	2.59
双鸭山宝清	2 460.986 667	−6.65	伊春嘉荫	2 509.443 333	2.67
黑河黑河	2 631.293 333	−6.24	佳木斯富锦	2 388.9	5.56
齐齐哈尔拜泉	2 436.336 667	−5.603	哈尔滨双城	2 652.01	7.622
大兴安岭呼玛	2 554.026 667	−5.51	鸡西虎林	2 437.296 667	24.4
哈尔滨方正	2 252.093 333	−5.29			

表3-4 日照时数和变化速率与经纬和海拔之间的相关性

Tab. 3-4 The relevance of latitude and longitude to sunshine hour and change rate

	日照时数（h）	气候倾向率（h/年）	纬度（°）	经度（°）	海拔（m）
日照时数（h）	1	0.004 3	0.355*	−0.608*	0.391*
气候倾向率（h/年）	0.004 3	1	−0.009 8	0.356*	−0.338
纬度（°）	0.355*	−0.009 8	1	−0.213	0.027

（续表）

	日照时数（h）	气候倾向率（h/年）	纬度（°）	经度（°）	海拔（m）
经度（°）	-0.608*	0.356*	-0.213	1	-0.49*
海拔（m）	0.391*	-0.338	0.027	-0.49*	1

注：*表示在0.05水平达到显著。

由表3-4可知，日照时数与经度、纬度和海拔在0.005水平上达到了显著相关，其中与经度呈负相关，而与海拔和纬度则呈正相关。气候倾向率则正好相反，与经度是正相关的。日照时数和气候倾向率分别符合多元线性回归见式（3-13）、式（3-14）。

$$y=0.307N-22.72E+20.49L+4\ 416.82\ (R^2=0.347) \qquad (3-13)$$

$$y=-0.025N+0.712E+0.246L-102.66\ (R^2=0.02) \qquad (3-14)$$

3.4 讨论

1986—2015年黑龙江省的年平均气温呈上升趋势，这与王秀芬等（2011）和高永刚等（2007）的研究结果是一致的。近30年黑龙江省降水量的气候倾向率为4.31mm/10年，且线性变化趋势较明显，这与王秀芬等（2011）认为“1980—2010年黑龙江省降水量的气候倾向率为-23mm/10年”的研究结果稍有差异，究其原因可能是由于2011—2015年的年降水量普遍偏高，尤其是2012年和2013年累积降水量达到625.26mm和679.49mm，使得近几年降水量有上升的趋势。

从空间分布来看，泰来县近30年来的年平均温度高于其他地区，为5.21℃，热量条件充足，但由于该地区处于干旱半干旱地区，沙地面积大，而且平均降水量处于较低水平，土地退化严重，生态环境脆弱，严重限制了该区农业生产的发展。尚志市虽然年平均温度处于中等水平，但年平均降水量却最高，根据李庆等（2008）对尚志市农业进行的可持续性评价可知，尚志市作物生长季降水量占全年降水量的87%，雨热同季，水热协同作用较好，利于作物生长，促进了该区农业的发展，这与卢玢宇等（2017）的研究结果是一致的。

对黑龙江省年平均气温进行时间尺度分析，发现黑龙江省年平均气温在6年和26年时间尺度上存在的周期性变化，如果选择的时间尺度再大一些，则6年和26年时间尺度上周期性变化就能得到更好的体现。

黑龙江省1986—2015年日照时数呈减少趋势，减少幅度与经度、纬度和海拔在0.05水平上是显著相关的，从南向北、从东向西减少；日照时数降低速率由北向南、从西向东增加，日照时数年际变化的主周期为10年和16年，在2015—2020年，日照时数的小波系数处于负相位，日照时数仍有减少的趋势，因此需要根据当地日照时数的变化选种适合的玉米、水稻和大豆品种，保证农作物对光照的要求。

本研究对黑龙江省年平均气温、日照时数等气象因子进行了周期变化和趋势变化的分析和预测，这对黑龙江省的农业生产具有一定的参考意义。由于现有数据的时间尺度稍小，一定程度上限制了小波分析功能和优势的发挥。

3.5 结论

1986—2015年黑龙江省的年平均气温呈上升趋势，近30年来黑龙江省平均气温的气候倾向率为0.12℃/10年，且线性变化趋势较明显。通过对近30年黑龙江省年平均气温和年平均降水量进行分析，发现年平均气温在中小尺度上的变化存在16年的主周期，另外还存在6年和26年的变化周期。通过拟合预测2016—2018年的年平均气温呈现逐年递减趋势，其中2016年高于年平均值，2017—2018年均低于年平均值。从空间分布上看，黑龙江省从南向北温度依次递减，体现出较明显的纬度地带性，不同纬度的年平均温度差别较大；平原地区温度普遍高于山地地区，南部温度高于北部，西北部与俄罗斯交界地区最冷，年平均气温的低温中心在北部大兴安岭，高温中心分别为嫩平原西部的泰来和牡丹江的东宁。降水量自1986年以来气候倾向率为4.31mm/10年，且线性变化趋势较明显。黑龙江省的年降水量在中小尺度上的变化有6年、16年和27年3个主周期。通过拟合可知2016—2018年的年降水量呈现逐年递减趋势，其中2016—2017年高于年平均值，2018年低于年平均值。年降水量空间分布地理差异显著，规律明显。以尚志市为中心，降水量向四周逐渐递减，体现出较明显的经度地带性，不同经度的降水量差别较大。

黑龙江省1986—2015年日照时数从南向北、从东向西呈减少趋势，且减少多少受经度、纬度和海拔的影响；日照时数降低速率由北向南、从西向东增加，日照时数年际变化的主周期为10年和16年。在1986—2015年间黑龙江省平均日照时间以41h/10年的速率减少。

通过M-K突变检验分析发现，黑龙江省的气温变化整体比较平稳，没有特别明显的突变年份，年平均降水量在1986—2015年不存在显著性突变时间点，通过Morlet小波研究发现日照时数在1986—2015年时间段内的突变点是比较多的。

气候变化对粮食产量的影响

4.1 黑龙江省近30年粮食产量的变化情况

在黑龙江省，玉米、大豆和水稻是三大主要农作物。图4-1为黑龙江省近30年玉米、水稻和大豆占粮食总产量比重的变化情况。由图4-1可知，玉米、大豆和水稻的年均产量分别占粮食总产量的41.27%、15.67%和27.59%，3种农作物的产量占粮食总产量的84.53%。随着种植结构、作物品种和社会需求等的改变，这3种作物的产量百分比也在不断发生变化。大豆在2007年以后的产量百分比一路下降，水稻和玉米则呈增加的趋势。水稻和玉米在2014年大幅度下降，但3种作物的产量仍约占总产量的81%，因此研究气候变化对3种作物的影响比较有现实意义。

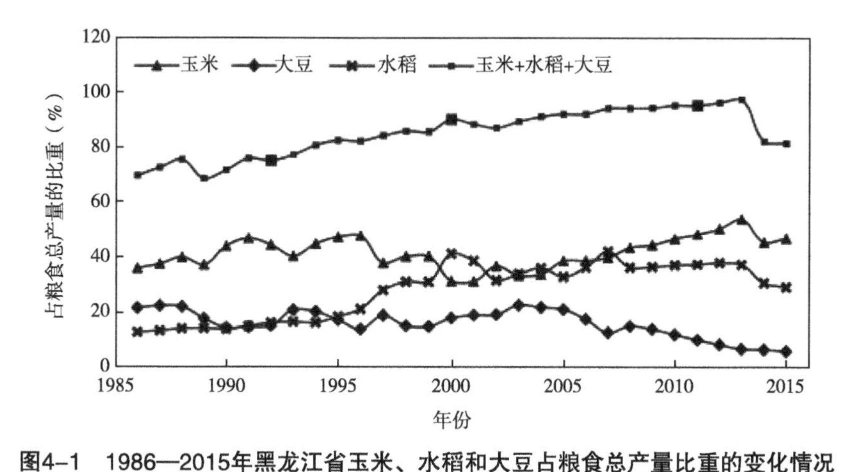

图4-1　1986—2015年黑龙江省玉米、水稻和大豆占粮食总产量比重的变化情况

Fig. 4-1　The ratio of the yield of corn，rice and soybean to total crop product in Heilongjiang Province from 1986 to 2015

图4-2为黑龙江省玉米、水稻和大豆近30年产量的变化情况。在1986—2015年，玉米、大豆和水稻的单位面积的产量因品种、耕种技术及化肥和农药使用的原因呈增加的趋势，增长趋势分别符合公式y=52.831x-100 860（R^2=0.393）、y=1.472 3x-1 225.5（R^2=0.003 4）和y=106x-206 176（R^2=0.851）。从上面的公式可以看出，水稻单位面积产量增加更为有规律，且增加速度最快，其次是玉米，规律最差的是大豆的单位面积产量，且增加速度最慢。

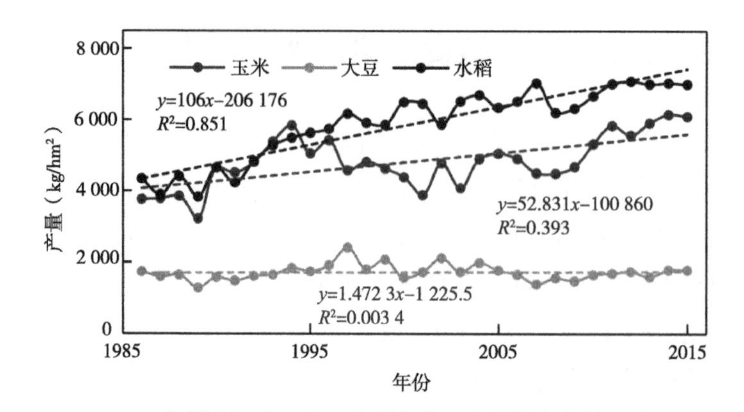

图4-2　1986—2015年黑龙江省玉米、水稻和大豆产量的变化情况（1986—2015）

Fig. 4-2　The yield of rice，corn and soybean in Heilongjiang Province from 1986 to 2015

因为玉米、水稻和大豆的一些病虫害尤其是虫害如玉米螟受冬季温度的影响比较明显，从而间接影响病虫草害的发生情况，因此本部分既研究全年气象因子对3种作物产量的影响，也研究生长发育期内（5—9月）温度、降水和日照时数对玉米、大豆和水稻产量的影响。

4.2　气象因子对粮食产量的影响

4.2.1　温度的影响

4.2.1.1　玉米

图4-3和图4-4分别是玉米单产与年平均温度和生长发育期内的累积温度的散点图，可以看出，玉米单产与温度的数据点非常离散，规律性不强。相较而言，图4-3中的数据的规律性不如图4-4中的。这可能是因为玉米产量主要受生长发育期间生长发育状况的影响，病虫害对玉米产量的影响较小。同时，从图4-3和图4-4中都可以看出，温度过高或过低均会对玉米的产量产生负影响。对于年平均温度而言，高的玉米单产出现在2.7～4.2℃。在该温度区间内，玉米产量在2.7～2.9℃、3.1～3.5℃和4.0～4.2℃这3个温度范围内变化幅度较大，产量可低至3 217.5kg/hm²，最高则能达到6 145.5kg/hm²，低于2.7℃和高于4.2℃的玉米单产都比较低，产量变化幅度不大。而对于生长期内的累积温度而言，玉米单产在85～97℃范围内呈离散

状态分布。玉米高产出现在累积温度为90～95℃。总体来说，玉米单产随着生长期内累积温度的增加以55.74kg/（hm^2·℃）的速率增加。

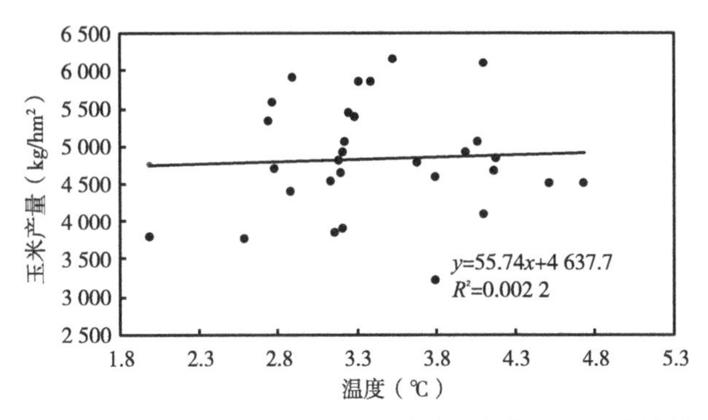

图4-3　1986—2015年黑龙江省玉米产量与年平均温度的关系

Fig. 4-3　The relationship between average yield of corn and the annual mean temperature in Heilongjiang Province from 1986 to 2015

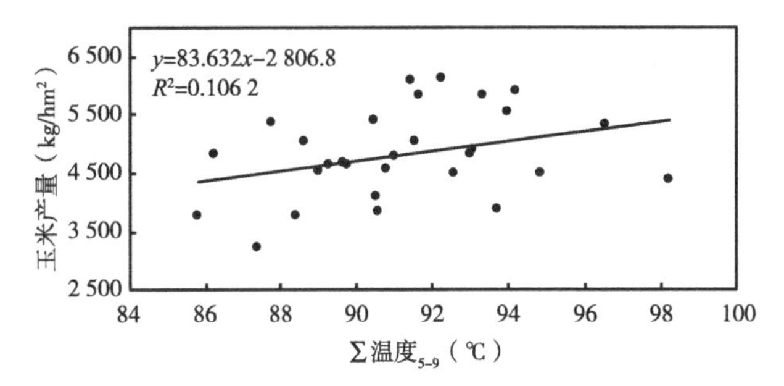

图4-4　1986—2015年黑龙江省玉米产量与生长期月平均累积温度的关系

Fig. 4-4　The relationship between average yield of corn and the total temperature in growing period in Heilongjiang Province from 1986 to 2015

4.2.1.2　水稻

图4-5和图4-6是水稻单产与年平均温度和生长发育期内月平均累积温度的散点图。可以看出，水稻单产在年平均温度1.8～5.0℃范围内比较离散。而水稻单产在生长发育期内月平均累积温度86～99℃范围内变化比较有规律，单产与温度的关系符合公式y=255.49x−17 449（R^2=0.533 2），即表明生长的温度与水稻的单产具有显著相关性。这是因为水稻产量主要是受生长发育期间水稻生长发育状况的影响。但是从图4-5和图4-6中均可看出，

温度会对水稻的产量产生影响。对于年平均温度而言，高的水稻单产出现在2.7～5.0℃。在此区间内，水稻产量在2.7～2.9℃、3.0～3.6℃和3.9～4.3℃这3个温度范围内变化幅度较大，产量可低至3 825.0kg/hm^2，最高则能达到7 072.5kg/hm^2，低于2.7℃时水稻单产比较低，产量变化幅度不大。而对于5—9月而言，水稻单产在94℃之后反而下降。

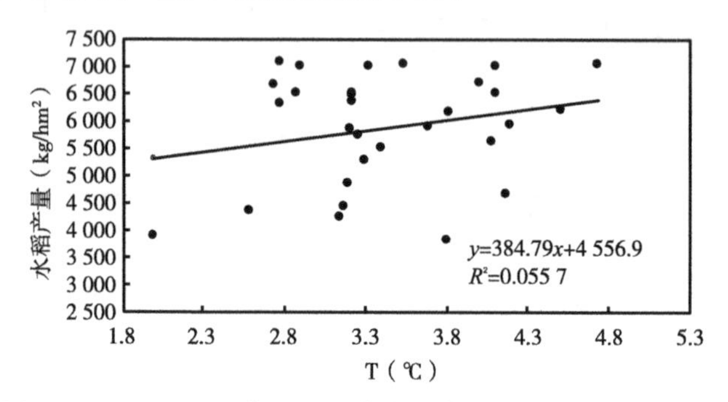

图4-5　1986—2015年黑龙江省水稻产量与年平均温度的关系

Fig. 4-5　The relationship between average yield of rice and the annual average temperature in Heilongjiang Province from 1986 to 2015

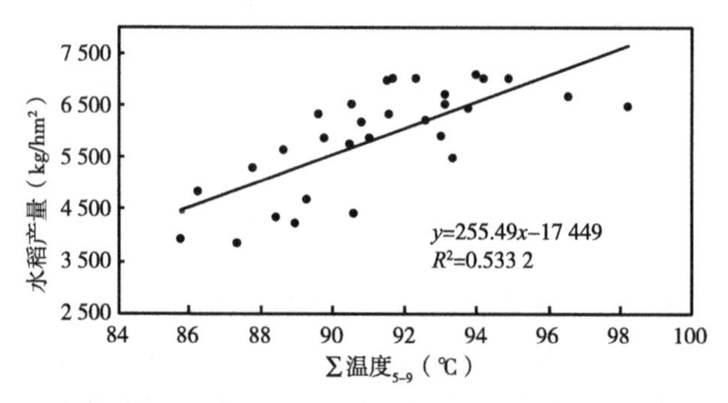

图4-6　1986—2015年黑龙江省水稻产量与生长期月平均累积温度的关系

Fig. 4-6　The relationship between average yield of rice and the total temperature in growing periodin Heilongjiang Province from 1986 to 2015

4.2.1.3　大豆

图4-7和图4-8是大豆单产与年平均温度和生长发育期内月平均累积的散点图。由图4-7可以看出，大豆单产在年平均温度1.8～5.0℃范围内比较离散，变化趋势以3.8℃为界，在1.8～3.8℃温度范围内，大豆产量随全年平均温度的增加而增加，二者之间的关系符合公式y=94.463x+1 401.665

（R^2=0.04），当温度大于3.8℃时，大豆产量随温度的增加而显著降低，单产与温度的关系符合公式y=−503.091x+3 815.364（R^2=0.211），即表明在该全年平均温度范围内与大豆的单产具有相对较高的相关性。

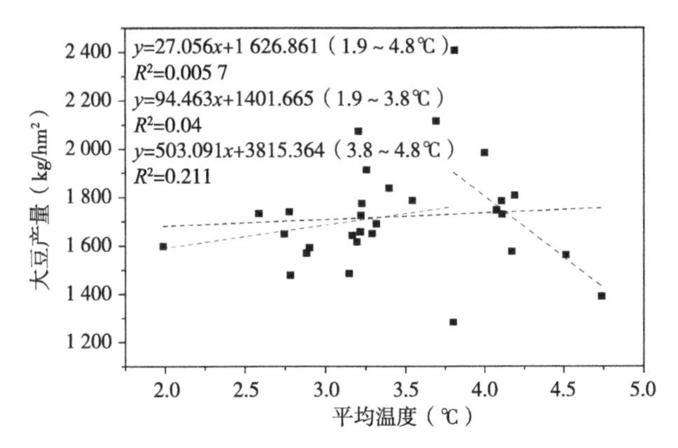

图4-7 1986—2015年黑龙江省大豆产量与年平均温度的关系

Fig. 4-7 The relationship between average yield of soybean and the annual average temperature in Heilongjiang Province from 1986 to 2015

如图4-8所示，对于生长期的月平均累积温度而言，高的大豆单产出现在89～94℃。在此区间内的90.8℃，大豆产量可高至2 407.5kg/hm^2；另一个产量峰值出现在93.1℃，大豆产量约为1 984.5kg/hm^2。低于89℃或高于95℃时，大豆单产都比较低，产量变化幅度不大。大豆产量在85.78～90.76℃和90.76～98.24℃温度范围内符合公式y=45.008x−2 345.834（R^2=0.088）和y=−71.511x+8 438.875（R^2=0.358），即表明生长期温度与大豆单产的相关性比全年平均温度的高。

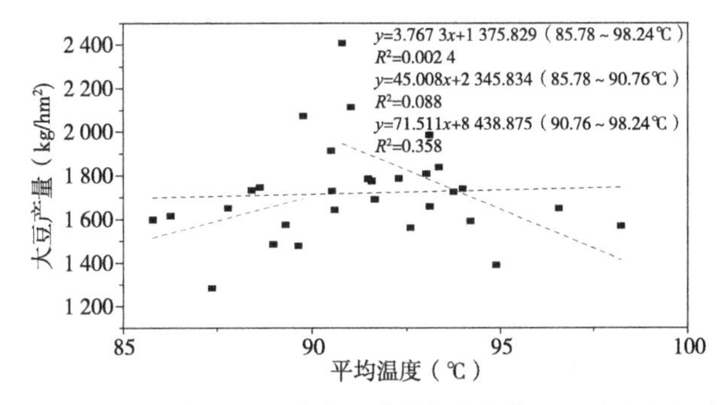

图4-8 1986—2015年黑龙江省大豆产量与生长期月平均累积温度的关系

Fig. 4-8 The relationship between average yield of soybean and the total temperature in growing periodin Heilongjiang Province from 1986 to 2015

4.2.2 降水的影响

4.2.2.1 玉米

水分是影响作物生长发育的重要因素。图4-9和图4-10分别为玉米产量与年均降水和生长期间累积降水之间的关系。玉米单产与全年降水量的关系较密切。由图4-9可知玉米单产随着降水的增加呈增加趋势，单产与降水的关系符合公式y=3.291 3x+3 110.9（R^2=0.127 1），在年均降水量400～480mm、520～580mm和630～700mm范围内，玉米产量的变化比较剧烈，数据比较集中。高产出现在2014年，其年降水量为559.06mm，产量达到了6 145.5kg/hm^2。单产与生长期期间的降水的关系不如与全年平均降水的关系密切，可能由于冬季降雪有助于耕地保墒，杀死越冬病虫害等一些因素造成的。

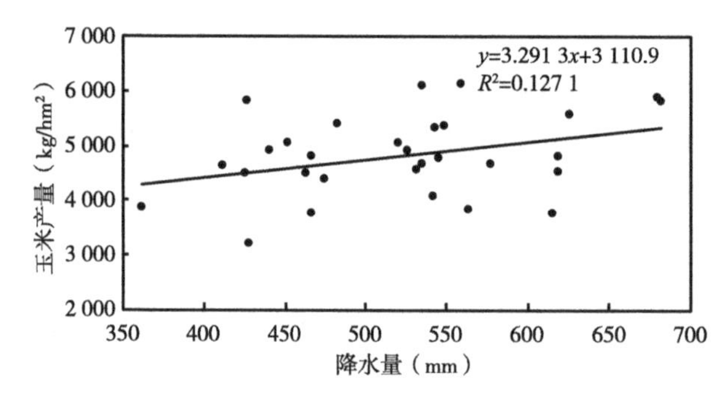

图4-9　1986—2015年黑龙江省玉米产量与年均降水量的关系

Fig. 4-9　The relationship between average yield of corn and the annual average precipitation in Heilongjiang Province from 1986 to 2015

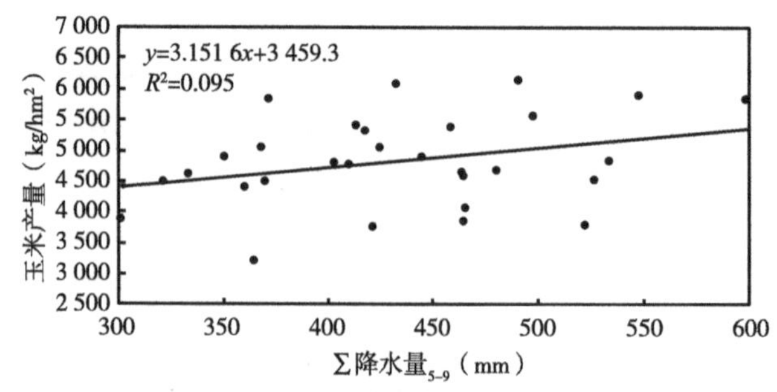

图4-10　1986—2015年黑龙江省玉米产量与生长期月平均累积降水量的关系

Fig. 4-10　The relationship between average yield of corn and the annual the total precipitation in growing period in Heilongjiang Province from 1986 to 2015

4.2.2.2 大豆

由图4-11和图4-12可知，与玉米相反，大豆单产与生长期期间的降水的关系要比与全年平均降水的关系密切。由图4-12可知，单产随着年降水量的增加呈不明显的增加趋势，符合公式y=0.049 7x+1 698.2（R^2=0.000 3）。大豆单产的变化主要集中在年均降水量400～480mm、520～580mm和630～700mm范围内。高产出现在1997年，其年均降水量为531.93mm，产量达到了2 407.5kg/hm²。

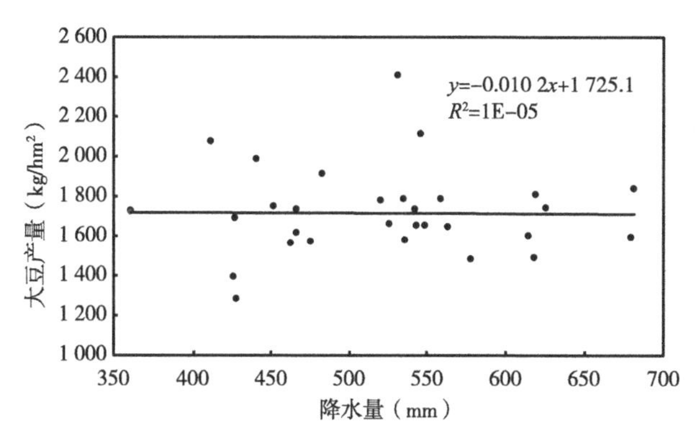

图4-11 1986—2015年黑龙江省大豆产量与年均降水量的关系

Fig. 4-11 The relationship between average yield of soybean and the annual average precipitation in Heilongjiang Province from 1986 to 2015

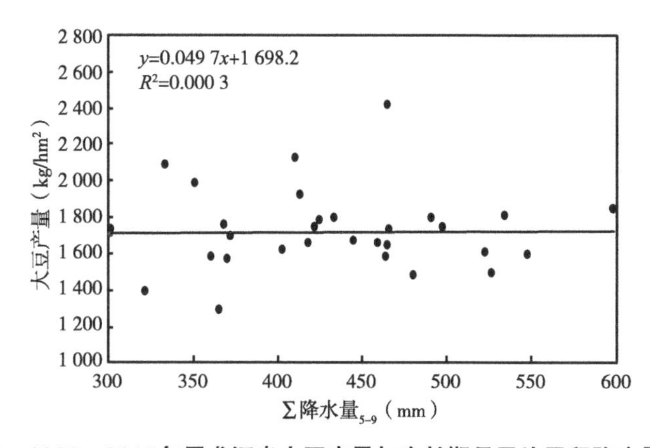

图4-12 1986—2015年黑龙江省大豆产量与生长期月平均累积降水量的关系

Fig. 4-12 The relationship between average yield of soybean and the total precipitation in growing period in Heilongjiang Province from 1986 to 2015

4.2.2.3 水稻

与大豆相似，水稻单产与生长期期间的降水的关系要比与全年的降水的关系密切，单产随着年降水量的增加呈降低趋势，符合公式$y=-2.437\ 8x+6\ 938.3$（$R^2=0.030\ 6$），如图4-13和图4-14所示。水稻单产的变化主要集中在年平均降水量400～500mm、生长期月平均累积降水量510～580mm范围内。高产出现在2012年，其年均降水量为625.26mm，产量达到了7 072.5kg/hm^2。

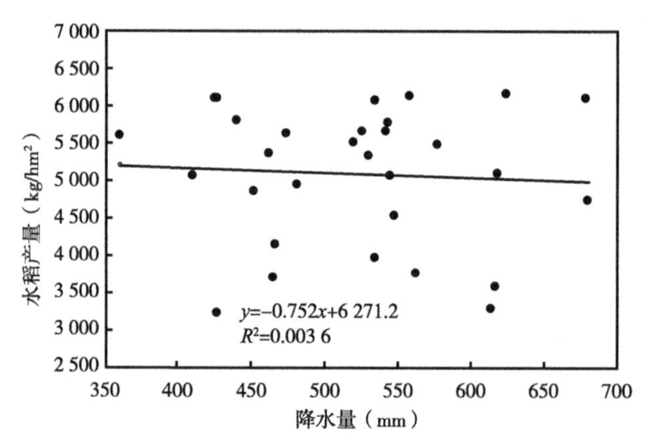

图4-13 1986—2015年黑龙江省水稻产量与年均降水量的关系

Fig. 4-13 The relationship between average yield of rice and the annual average precipitation in Heilongjiang Province from 1986 to 2015

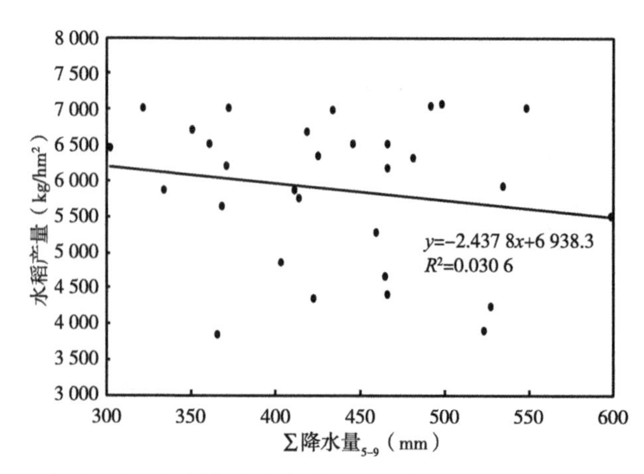

图4-14 1986—2015年黑龙江省水稻产量与生长期月平均累积降水量的关系

Fig. 4-14 The relationship between average yield of rice and the total precipitation in growing period in Heilongjiang Province from 1986 to 2015

4.2.3 日照的影响

4.2.3.1 水稻

水稻单产与年均日照时数和生长期内累积月平均日照时数的关系如图4-15和图4-16所示。由图4-15和图4-16可知，水稻单产与生长期期间的日照时数的关系不如与全年平均日照时数的关系密切。单产随着全年平均日照时数的增加呈降低趋势，符合公式y=-2.030 2x+10 989（R^2=0.046 4）。水稻单产的变化主要集中在年均日照时数2 400～2 650h范围内。高产出现在2012年，其年均日照时数2 335h，产量达到了7 072.5kg/hm²。

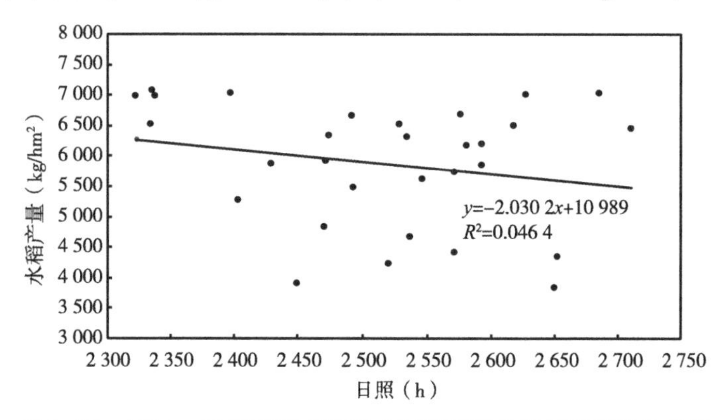

图4-15 1986—2015年黑龙江省水稻产量与年均日照时数的关系

Fig. 4-15 Relationship between annual average sunshine hour and rice yield in Heilongjiang Province from 1986 to 2015

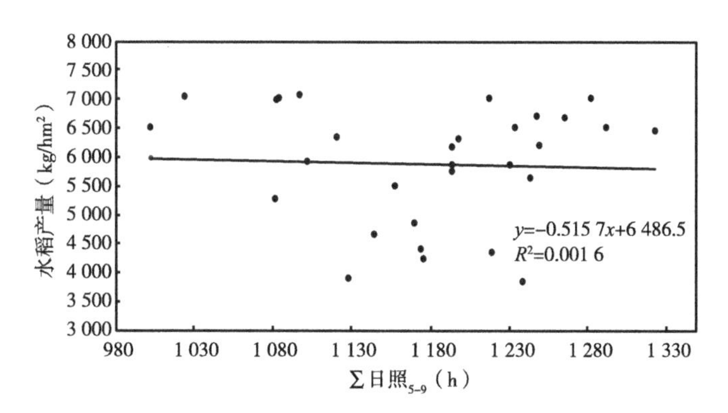

图4-16 1986—2015年黑龙江省水稻产量与生长期月平均累积日照时数的关系

Fig. 4-16 Relationship between rice yield and the total sunshine hour during growth period in Heilongjiang Province from 1986 to 2015

4.2.3.2 玉米

玉米单产与日照时数的关系如图4-17和图4-18所示。由图4-17和图4-18可知，玉米单产与生长期期间累积月平均日照时数的关系不如与全年平均日照时数的关系密切，单产随着年均日照时数的增加呈降低趋势，符合公式y=−3.668 4x+14 063（R^2=0.281 8）。玉米单产峰值出现在2014年，其年均日照时数为2 397.8h，产量达到了6 145.5kg/hm^2。

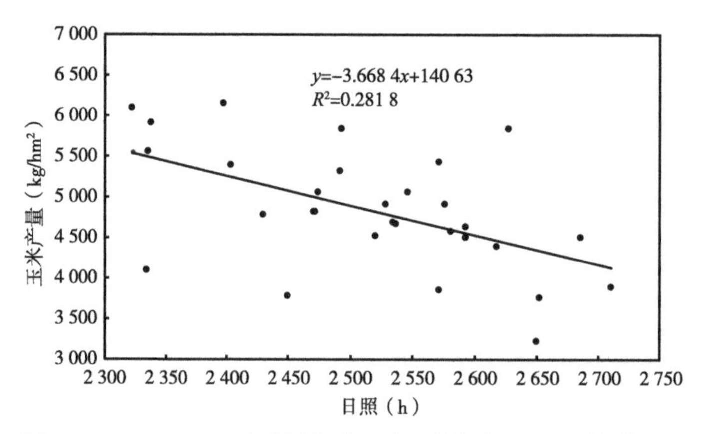

图4-17　1986—2015年黑龙江省玉米产量与年均日照时数的关系

Fig. 4-17　Relationship between annual average sunshine hour and corn yield in Heilongjiang Province from 1986 to 2015

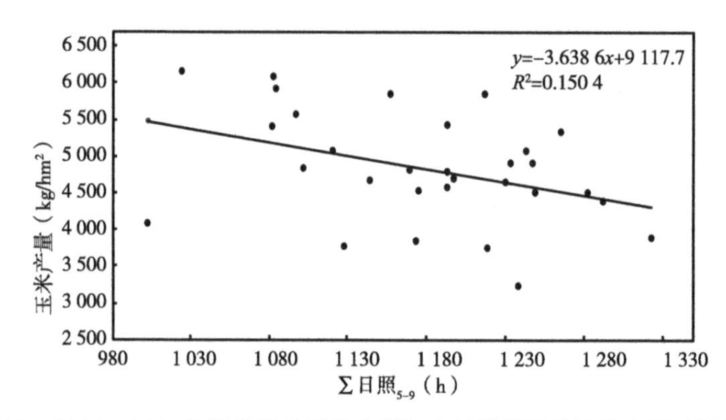

图4-18　1986—2015年黑龙江省玉米产量与生长期月平均累积日照时数的关系

Fig. 4-18　Relationship between corn yield and the total sunshine hour during growth period in Heilongjiang Province from 1986 to 2015

4.2.3.3　大豆

大豆单产与日照时数的关系如图4-19和图4-20所示。由图4-19和图4-20可知，大豆单产与生长期期间的日照时数的关系不如与全年平均日照时数的关系密切，单产随着日照时数的增加呈降低趋势，符合公式y=−0.241 2x+2 326.9（R^2=0.013 5）。在1986—2015年，大豆单产在2 400～2 450h和2 550～2 600h出现了两个峰值，分别是1997年和2002年，对应的大豆单产分别为2 407.5kg/hm²和2 115kg/hm²，其年相应的日照时数分别为2 580.7h和2 429.4h。对于全年的日照时数，大豆产量在1 190～1 270h区间内变化幅度最大。

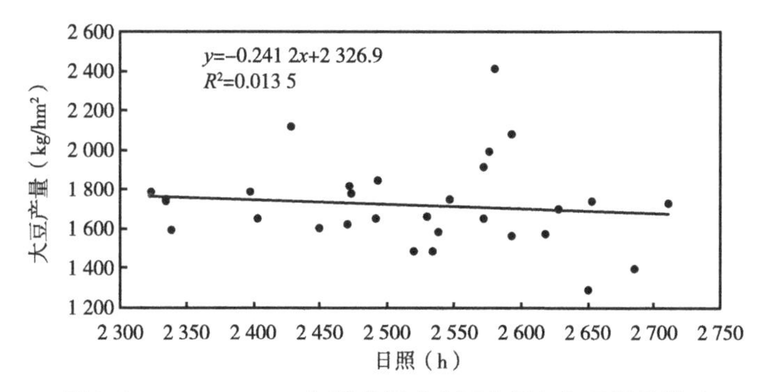

图4-19　1986—2015年黑龙江省大豆产量与年日照的关系

Fig. 4-19　Relationship between annual sunshine hour and soybean yield in Heilongjiang Province from 1986 to 2015

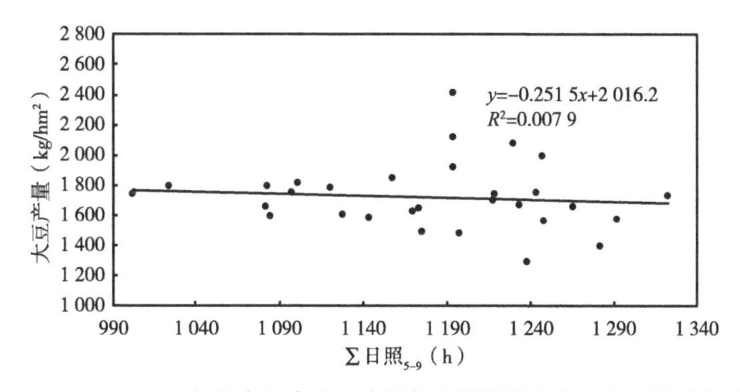

图4-20　1986—2015年黑龙江省大豆产量与生长期月平均累积日照时数的关系

Fig. 4-20　Relationship between soybean yield and the total sunshine hour during growth period in Heilongjiang Province from 1986 to 2015

4.3 粮食产量与气象因子的多元线性拟合

利用Excel对玉米产量与全年以及生长期间的气温、日照和降水量三者进行多元线性拟合，得到其与三者之间的关系。玉米产量与生长期（5—9月）以及全年的日照、气温和降水量的拟合公式分别为式（4-1）和式（4-2）。由拟合公式可知玉米产量与生长期的日照、气温和降水的拟合比全年的拟合度要好，约有58%的数据符合拟合公式（4-1），而仅有54%的数据符合式（4-2）。

$$y_{\text{maize}} = 115.57\sum_{t=5}^{9} T + 0.237\ 7\sum_{t=5}^{9} P - 4.550\ 6\sum_{t=5}^{9} S - 463.187\ 9 \qquad (4\text{-}1)$$
$$R^2 = 0.342$$

$$y_{\text{maize}} = 128.27\overline{T} + 0.130\ 1\overline{P} - 3.678\ 9\overline{S} + 1\ 351.08 \qquad (4\text{-}2)$$
$$R^2 = 0.293$$

对水稻而言，其产量与生长期（5—9月）以及全年日照、气温和降水的拟合公式分别为式（4-3）和式（4-4），其R^2分别为0.709 7和0.166，由此可见，水稻产量与生长期的日照、气温和降水量的拟合比全年的拟合度要好，约有84.3%数据符合拟合公式（4-3），而仅有40.7%的数据符合式（4-4）。因此利用式（4-3）可较好地估算该年水稻的产量。

$$y_{\text{rice}} = 288.060\ 8\sum_{t=5}^{9} T + 6.778\ 7\sum_{t=5}^{9} P - 7.455\ 4\sum_{t=5}^{9} S - 8\ 691.537\ 9 \qquad (4\text{-}3)$$
$$R^2 = 0.709\ 7$$

$$y_{\text{rice}} = 308.063\ 0\overline{T} + 4.221\ 8\overline{P} - 4.436\ 9\overline{S} + 18\ 192.95 \qquad (4\text{-}4)$$
$$R^2 = 0.166$$

对大豆而言，其产量与生长期（5—9月）以及全年日照、气温和降水量的拟合公式分别为式（4-5）和式（4-6），其R^2分别为0.780 5和0.568 7，由此可见，大豆产量与生长期的日照、气温和降水的拟合比全年的拟合度要好，约有88.3%数据符合拟合式（4-5），而仅有75.4%的数据符合式（4-6）。因此利用式（4-5）可较好地估算该年大豆的产量，也可以利用全年气象因子的值来进行估算，虽然准确度相对差一些。

$$y_{\text{soybean}}=6.371\,9\sum_{t=5}^{9}T-0.296\,4\sum_{t=5}^{9}P-0.497\,6\sum_{t=5}^{9}S-1\,853.365 \quad (4\text{-}5)$$
$$R^2=0.780\,5$$

$$y_{\text{soybean}}=20.647\,3\overline{T}-0.397\,9\overline{P}-0.462\,9\overline{S}+3\,021.753 \quad (4\text{-}6)$$
$$R^2=0.568\,7$$

由上述公式可以得出，玉米、水稻和大豆的产量与生长期期间的气象因子的变化关系更为密切，受其影响更大。

4.4 粮食产量与气象因子的相关性分析

温度、降水量和日照是影响作物生长的主要因子，它们之间相互联系、相互影响。这3个因子对玉米、水稻和大豆的作用是不同的。为研究日照、降雨和温度对玉米、大豆的影响，利用SPASS研究这3个气象因子与3种作物的相关性。

通过表4-1可以看出，全年的日照、降水量和温度对粮食产量的影响只有日照呈显著负相关，相关系数为-0.479 4，其他都不明显。全年的气象因子对粮食产量影响按由大到小的排序为日照>降水量>温度，分别呈负相关（-0.479 4）、正相关（0.256 4）和正相关（0.021 8）的关系。生长期期间的气象因子是温度>日照>降水量，分别呈正相关、负相关和正相关的关系，其中温度对粮食产量的影响是显著正相关的，相关系数为0.371 2，其次日照的影响也比较大，相关系数为-0.341 3，但是还未达到显著的水平。

日照对玉米产量的影响最为显著，相关系数为0.531，在0.05水平上是显著负相关的，其次是年降水量，呈正相关的关系，相关系数为0.356 6，未在0.05水平上达到显著正相关的水平。而温度相关性最差。对于在生长期间气象因子与玉米产量的相关性与全年的气象因子是不同的。在生长期期间，对玉米产量影响最显著的是日照，呈显著负相关，其次是温度，再次是降水量，二者都未达到显著的水平。

全年日照、降水量和温度对水稻产量的影响都不显著，相较而言，对水稻产量影响按由大到小的排序为温度>日照>降水量，分别呈正相关、负相关和负相关的关系。对于在生长期间气象因子与水稻产量的相关性与全年的气象因子是不同的。在生长期期间，对水稻产量影响最显著的是温度，其相关系数为0.730 2，在0.01水平上是显著正相关的，而对其他两个因素的影响不明显，即在黑龙江省水稻的产量主要受生长期内温度的影响。

全年以及生长期间的日照、降水量和温度对大豆产量的影响都不明显，相较而言，全年的气象因子对大豆产量影响按由大到小的排序为日照>温度>降水量，分别呈负相关、正相关和负相关的关系。生长期期间的气象因子也是日照>温度>降水量，但分别呈负相关、正相关和正相关的关系。

表4–1　粮食产量与气候因子的相关性

Tab. 4-1　Correlation between crop yield and meteorological factors

	玉米产量（kg/hm^2）	水稻产量（kg/hm^2）	大豆产量（kg/hm^2）	粮食产量（kg/hm^2）
温度（℃）	0.046 6	0.236 0	0.075 3	0.021 8
降水量（mm）	0.356 6	−0.059 8	−0.036 9	0.256 4
日照（h）	−0.531**	−0.215 5	−0.116 1	−0.479 4**
$\sum$温度$_{5-9}$（℃）	0.325 9	0.730 2**	0.048 8	0.371 2*
$\sum$降水量$_{5-9}$（mm）	0.308 3	−0.174 9	0.016 2	0.179 8
$\sum$日照$_{5-9}$（h）	−0.387 8*	−0.040 3	−0.089 1	−0.341 3

注：*表示在0.05水平达到显著；**表示在0.01水平达到显著。

4.5　结论

（1）在1986—2015年，玉米、大豆和水稻的单位面积产量呈增加的趋势。其中，水稻单产增加更为有规律，且增长速度最快。

（2）温度过高或过低都会影响粮食产量。高的玉米单产出现在2.7～

4.2℃，且在2.7～2.9℃、3.1～3.5℃和4.0～4.2℃这3个温度范围内变化幅度较大。水稻单产在年平均温度1.8～5.0℃范围内比较离散，高的水稻单产出现在2.7～5.0℃，在此区间内，水稻产量在2.7～2.9℃、3.0～3.6℃和3.9～4.3℃这3个温度范围内变化幅度较大。大豆单产在年平均温度1.8～5.0℃范围内比较离散，其变化趋势以3.8℃为界，在1.8～3.8℃温度范围内，大豆产量随温度增加而增加。当温度大于3.8℃时，呈相反变化。

而对于5—9月而言，玉米单产在85～97℃范围内呈离散状态分布。而水稻单产在86～99℃范围内呈增加的变化趋势，高的大豆单产出现在89～94℃。

（3）玉米单产随着降水量的增加呈增加趋势，在400～480mm、520～580mm和630～700mm范围内，玉米产量的变化幅度较大，数据比较集中。与玉米相反，大豆单产与生长期期间的降水量的关系要比与全年的降水量的关系密切，大豆单产的变化主要集中在400～480mm、520～580mm和630～700mm范围内。与大豆相似，水稻单产与生长期期间的降水量的关系要比与全年的降水量的关系密切，单产随着年降水量的增加呈降低趋势，水稻单产的变化主要集中在400～500mm、510～580mm范围内。

（4）水稻、玉米和大豆的单产与生长期期间的日照的关系不如与全年的日照的关系密切，单产随着日照时数的增加均呈降低趋势。其中，水稻单产的变化主要集中在2 400～2 650h范围内，大豆产量在1 190～1 270h区间内变化幅度最大。

（5）玉米、水稻和大豆产量与生长期的日照、气温和降水量的拟合度比全年三因子的拟合度好，日照对玉米产量的影响最为显著，呈显著负相关。在生长期期间，对水稻产量影响最显著的是温度，而全年以及生长期间的日照、降水量和温度对大豆产量的影响均不明显。

5

气候变化对气候生产潜力的影响

气候生产潜力是指在一定的光、温、水资源条件下，其他的环境因子（CO_2、养分等）和作物群体因素处于最适宜状态，作物利用当地的光、温、水资源的潜在生产力。气候生产潜力模型不仅能够反映某一区域气象因子间的协同作用效果，而且还能为提高农事操作措施提供建议。不同地区地貌特征、环境因子时空差异较大，因而其气候生产潜力的时空变化也会表现出一定的差异。气候生产潜力的时空动态变化一直是国内外研究的热点，近年来，虽然对黑龙江省气候生产潜力的时空分布已有研究，但对其周期性变化和趋势变化的分析和预测还鲜有报道。

黑龙江省位于中国东北最北部地区，面积约为4 707.0万km^2，东西分布有三江平原和松嫩平原，土地肥沃，物产丰富，盛产各种农副产品，全省耕地面积约为1 719.5万hm^2，是中国最大的商品粮食生产基地。然而，由于黑龙江省四季气候变化差异显著，其农业生态系统受其影响而波动性强，故研究其气候生产潜力对农业生产意义重大。本研究以黑龙江省为研究区域，采用Thornthwaite Memorial模型估算了黑龙江省作物生育期（5—9月）的气候生产潜力，并研究了1986—2015年黑龙江省生育期气候生产潜力的时空演变特征，然后运用Morlet小波法预测了生育期气候生产潜力的变化趋势，同时为黑龙江省的农事操作提供基础数据支持。

5.1 黑龙江省气候生产潜力空间分布特征

黑龙江省西部和东部部分地区气候生产潜力水平比较低，嫩江市、富锦市、安达县、富裕县、宝清县、呼玛县、肇源县、泰来县等地气候生产潜力均低于9 000kg/（hm^2·年）；中部地区气候生产潜力的水平比较高，其中巴彦县、尚志市、五常市、海伦市、方正县等地气候生产潜力都多年高于10 000kg/（hm^2·年），如表5-1所示。

近30年泰来作物生育期的平均气候生产潜力值最低，为8 334.38kg/（hm^2·年），其气候生产潜力与降水量之间呈线性正相关，R值为0.994，通过了0.01水平上的显著性检验（n=30），气候生产潜力与平均温度之间为负相关，R值为-0.422，在0.01水平上无显著性相关（n=30），说明泰来的降水量对气候生产潜力的影响要大于平均温度的影响。泰来近30年的年平均温度高于其他地区，热量条件充足，但由于该地区处于干旱半干旱地区，沙地面积大，平均降水量处于较低水平，土地退化严重，生态环境脆弱，严重限制了该区气候生产潜力的发展。巴彦县气候生产潜力水平最高为11 350.92kg/（hm^2·年），在近30年时间里，巴彦县在作物生育期内的降水量居于全省首位，平均温度处于中等水平（图5-1），雨量充沛，有利于作物生长，促进了该区气候生产潜力的发展。尚志市的气候生产潜力为11 339.59kg/（hm^2·年），位居第二，降水量紧随巴彦县降水量之后，李庆等（2008）对尚志市的农业可持续性进行了评价，表明尚志市作物生长季降水量占全年降水量的87%，雨热同季，水热协同作用较好，有利于作物生长，促进了该区气候生产潜力的发展。相较而言，气候生产潜力较高的地区是降水量较多的巴彦县、尚志市等地区，肇源县、泰来县以及呼玛县等地降水较少，生产潜力普遍偏低。

表5-1　1986—2015年黑龙江省气候生产潜力空间分布特征

Tab. 5-1　Spatial distribution of climatic productivity potential in Heilongjiang Province from 1986 to 2015

站名	气候生产潜力［（kg/（hm^2·年））］	站名	气候生产潜力［（kg/（hm^2·年））］
大兴安岭呼玛	8 828.64	佳木斯汤原	10 490.38
黑河黑河	10 123.43	佳木斯佳木斯	10 082.86
黑河嫩江	9 472.85	双鸭山集贤	9 870.10
黑河德都	10 187.76	双鸭山宝清	8 946.67
齐齐哈尔克山	10 334.92	双鸭山饶河	10 093.41
伊春嘉荫	10 555.78	哈尔滨哈尔滨	10 014.19
齐齐哈尔龙江	9 793.58	大庆肇源	8 518.64
齐齐哈尔富裕	9 094.95	哈尔滨双城	9 734.79
齐齐哈尔拜泉	10 230.16	哈尔滨方正	10 618.70
绥化海伦	10 880.85	哈尔滨尚志	11 339.59
佳木斯富锦	9 155.19	七台河勃利	9 521.88

（续表）

站名	气候生产潜力 [（kg/（hm² · 年））]	站名	气候生产潜力 [（kg/（hm² · 年）]
齐齐哈尔泰来	8 334.38	鸡西虎林	10 086.46
绥化青冈	9 957.08	哈尔滨五常	10 722.58
绥化安达	9 056.61	牡丹江穆棱	9 612.02
绥化庆安	10 607.99	牡丹江宁安	9 817.99
哈尔滨巴彦	11 350.92		

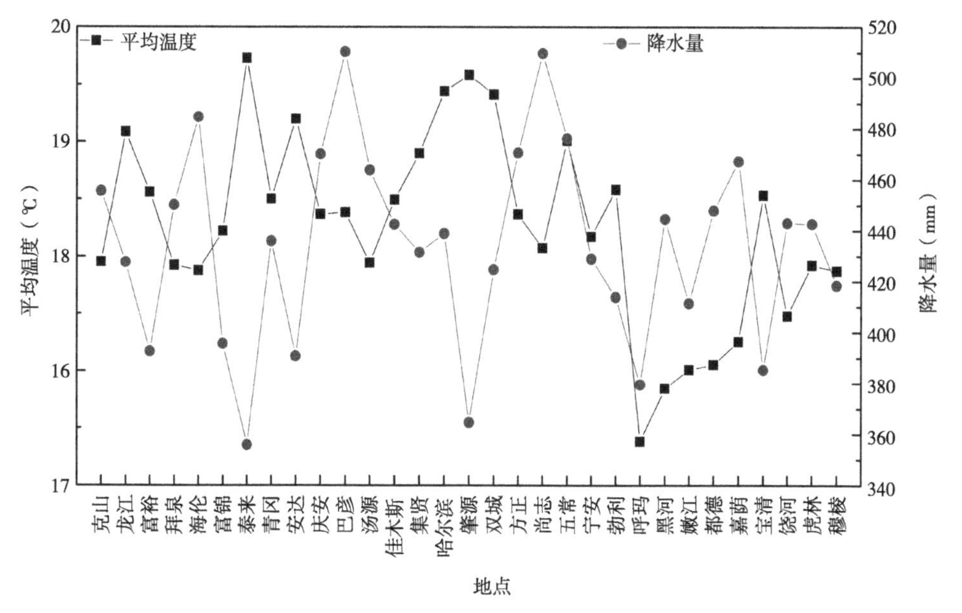

图5-1　1986—2015年不同地区平均温度和平均降水量

Fig. 5-1　Average temperature and rainfall from 1986 to 2015 for each monitoring region

5.2　黑龙江省气候生产潜力时间变化特征

黑龙江省气候生产潜力在1986—2015年的时间变化特征如图5-2所示，生育期内总气候生产潜力在8 334.38 ~ 113 395.59kg/（hm² · 年）变化，平均值为9 917.27kg/（hm^2·年），年际之间波动较大。1986—2015年的气候生产潜力变化呈缓慢降低的趋势，降低趋势变化不显著。

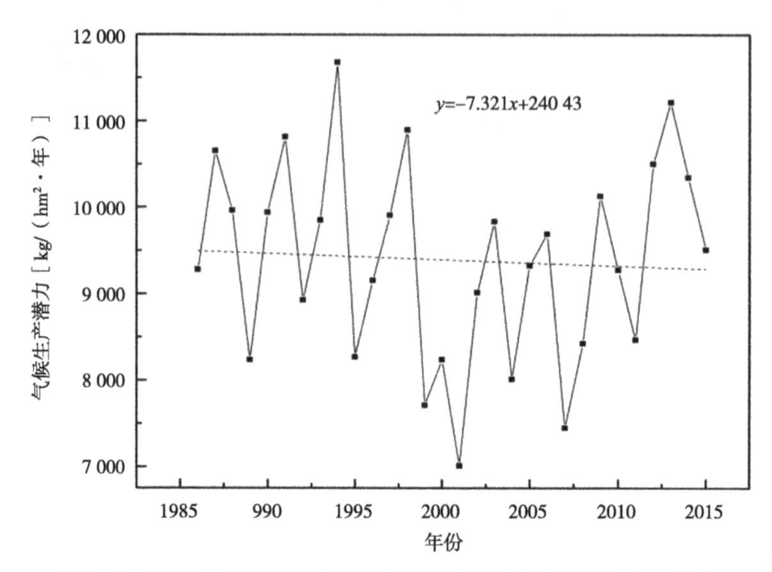

图5-2　1986—2015年黑龙江省气候生产潜力年际变化（*n*=31）

Fig. 5-2　Interannual variability of climatic productivity potential in Heilongjiang Province from 1986 to 2015（*n*=31）

由图5-2可知，2001年黑龙江省的气候生产潜力值最低，2001年的气候特点为降雨偏少，作物生育期内出现历史上最为严重的春夏连旱，6月全省大部地区降雨偏少，尤其上旬中西部大部分、下旬大部分农区几乎无降水，西部部分地区最高气温突破历史极值。截至6月末，除牡丹江外其他大部分地区均呈现不同程度旱象。虽然生育期内平均温度全省大部分地区比常年偏高1～2℃，但作物生长期的降雨条件较差，限制了气候生产潜力的发展。1994年黑龙江省气候生产潜力值最高，1994年的气候特点为高温多降雨，气温、降雨等要素均出现历史极值。生育期内全省平均气温比历年偏高1.5℃左右，水热同步，资源充足，极大地促进了气候生产潜力的发展。

5.2.1　黑龙江省气候生产潜力周期变化特征

通过对近30年来黑龙江省气候生产潜力的统计分析，发现生育期内气候生产潜力具有较为明显的多时间尺度特征，如图5-3所示。其中，在

9～10年尺度周期表现出正负相位交替出现的现象，较强周期振荡几乎存在于整个研究时域内，周期性表现十分显著；在6～7年尺度周期表现出正负相位交替出现的现象，较强周期振荡几乎存在于整个研究时域内，周期性表现十分显著；在11～16年尺度周期上表现出负正相位交替出现的现象，周期性振荡表现的比较明显。

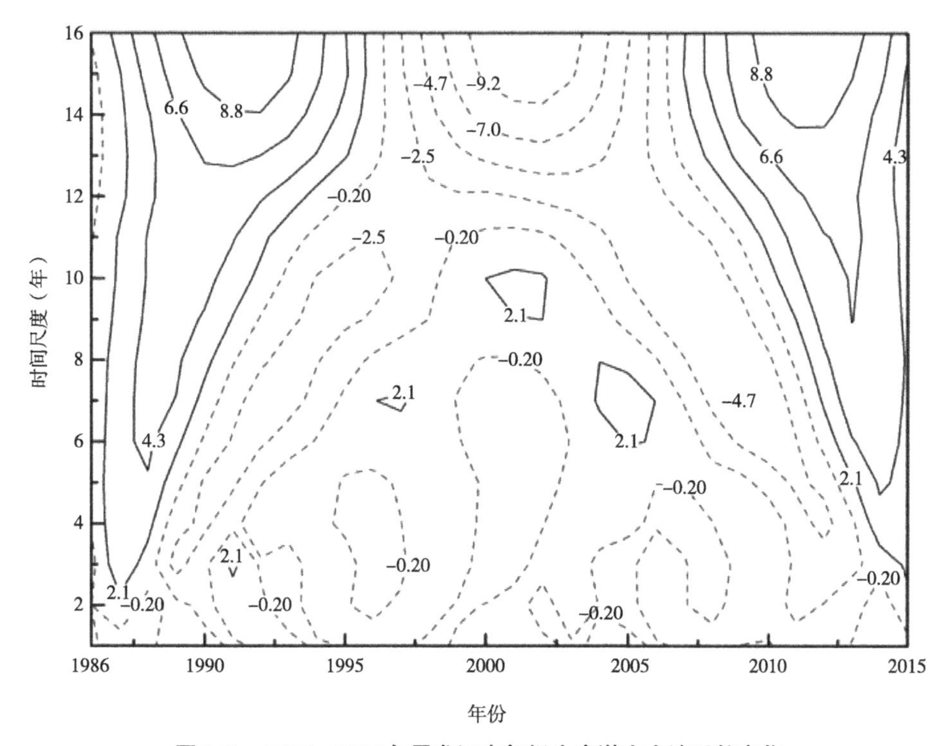

图5-3　1986—2015年黑龙江省气候生产潜力小波系数变化

Fig. 5-3　Variation of Morlet wavelet coefficients of climatic productivity potential in Heilongjiang Province from 1986 to 2015

小波方差图有2个相对明显的峰值，如图5-4所示，分别对应7年和10年的时间尺度，均有一定的波动能量，而在7年以下时间尺度、8～9年以及11年的时间尺度上，波动能量都比较微弱，16年时间尺度上存在的周期性变化，仍需要更长时间的验证，因此松花江流域气候生产潜力在中小尺度上的变化有一个7年和10年的主周期，一个16年的中长潜在变化周期。

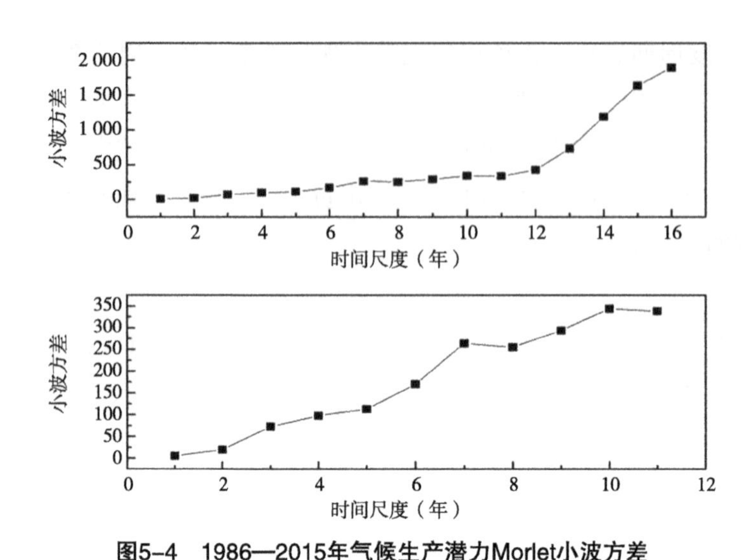

图5-4　1986—2015年气候生产潜力Morlet小波方差

Fig. 5-4　Morlet wavelet variance of climatic productivity potential from 1986 to 2015

5.2.2　气候生产潜力典型尺度的趋势预测

典型尺度（主周期）的气候生产潜力过程线可以揭示小波分析的多尺度变化，也能体现其预测趋势，如图5-5所示。其中，在7年时间尺度上经历了3个正负相位的波动，平均变化周期为9年；在10年时间尺度上经历了2个正负相位的波动，平均变化周期为12年；在16年时间尺度上经历了1个正负相位的波动，平均变化周期为20年。3个主周期7年、10年、16年叠加的总过程线，代表着在1986—2015年黑龙江省松花江流域气候生产潜力在总时间尺度的变化情况，其中经历了1986—1996年10年的正相位，1997—2008年11年的负相位，以及2009—2015年6年的正相位，由此1986—2015年，黑龙江省松花江流域气候生产潜力的波动主要受到7年、10年和16年这3个主周期时间尺度的影响，其拟合见式（5-1）。

$$y = 1.480 + 13.016 \times \sin\left[\pi \times \frac{x - 406.810}{11.946}\right] \qquad (5-1)$$

式（5-1）可以预测未来几年黑龙江省作物生育期内气候生产潜力变化情况。计算可知，2016—2018年的气候生产潜力呈现逐年递减趋势，但高于年平均值，基本符合当时时段气候生产潜力的变化趋势。

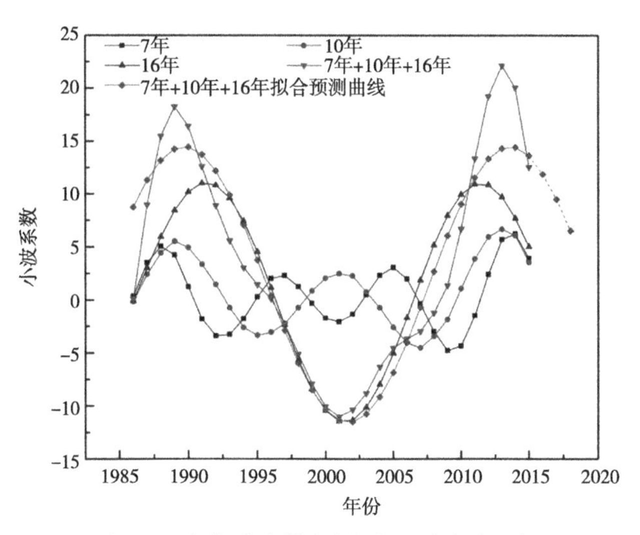

图5-5 气候生产潜力主周期尺度小波系数

Fig. 5-5 Morlet wavelet coefficients on real component of major cycle scale of climatic productivity potential

5.3 讨论

黑龙江省大部分地区在生育期内虽然热量条件相对充足，但温度并不是影响作物气候生产潜力的主要因素，降水量才是限制该区域作物气候生产潜力的主要气象因子。干旱缺水使丰富的土地资源不能充分得到利用，农作物生长发育受到限制，从而导致其气候生产潜力水平比较低，这与祖世亨等（2001）的研究结果是一致的。若积极实施人工增雨和引流灌溉等工程，使其光热资源与水资源得到最优配置，预计未来农作物气候产量会有很大的提升空间。对黑龙江省作物生育期内的气候生产潜力进行时间尺度分析，发现在16年时间尺度上存在1个正负相位波动的周期性变化，如果选择的时间尺度再大一些，16年时间尺度上气候生产潜力的周期性变化则能更好地体现。本研究对黑龙江省作物生育期内的气候生产潜力进行了周期变化和趋势变化的分析和预测，这对于干旱和半干旱地区作物气候生产潜力的研究具有一定的参考意义。由于现有数据的时间尺度稍小，在一定程度上限制了小波分析功能和优势的发挥。

5.4 结论

（1）黑龙江省作物生育期内的气候生产潜力以巴彦为中心，气候生产潜力向四周逐渐递减，体现出较为明显的经度地带性，不同经度的气候生产潜力水平差别较大，黑龙江省大部分地区热量条件相对充足，降水量是限制该区域作物气候生产潜力的主要气象因子。

（2）1986—2015年黑龙江省作物生育期内的气候生产潜力在8 334.38～11 350.92kg/（hm^2·年）变化，年际间波动较大，总体呈缓慢降低趋势，但降低趋势变化不显著。

（3）通过对近30年黑龙江省作物生育期内的气候生产潜力进行分析，发现气候生产潜力在中小尺度上的变化有一个7年和10年的主周期，一个16年的中长潜在变化周期。通过拟合预测2016—2018年的气候生产潜力呈现逐年递减趋势，但高于年平均值。

6

气候变化对农业气象灾害的影响

黑龙江省是我国的一个农业大省，农业在黑龙江省国民经济中的比重由2010年的12.6%上升到2014年的17.3%，而农业生产对气候变化比较敏感，不利的气象条件会对农业产生影响。一般在农业生产过程中导致农作物显著减产的不利天气或气候异常被总称为农业气象灾害，通常气象灾害包括干旱、涝渍、风雹、热害、冷害和台风等类型。农业气象灾害对粮食产量的影响非常显著，并直接关系到国民经济的发展。郭丽娜等（2014）的研究表明，旱灾、洪涝、风雹和低温灾害是导致粮食在1978—2011年大面积成灾和减产的主要气象灾害，其影响程度依次降低；根据影响程度，在该时间段内影响粮食产量的主要气象灾害由大到小依次为风雹、旱灾和水灾。而王秋京（2015，2016）的研究表明，黑龙江省近年的旱灾和涝灾的发生呈周期性，洪涝、干旱和低温冷害为黑龙江省的主要气象灾害，洪涝在1972—2006年的危害程度较其他灾害重；在1972—2012年，干旱和洪涝是影响黑龙江省粮食产量的主要气象灾害，其中干旱对粮食产量的影响最大。黑龙江省冰雹多发生在黑龙江省的中北部如大、小兴安岭山麓、小兴安岭山脉迎风坡和松花江、兴凯湖沿岸，干旱灾害多发生于黑龙江省西部地区。而黑龙江省低温冷害发生次数20世纪70年代为最大，80年代后呈下降趋势。

虽然有关黑龙江省农业气象灾害的研究已较多，但所用数据较早，而气候变化具有一定的突发性和不确定性。因此，本章节采用受灾率和成灾率来表示灾害的程度。农作物产量比正常年份减少一成以上的面积称为受灾面积，减产三成以上的为成灾面积。农作物受灾面积和成灾面积与播种面积的比值被定义为受灾率和成灾率。利用《新中国农业60年统计资料》、中华人民共和国农业部种植业管理司的数据库以及《黑龙江省统计年鉴》（1994—2014年）的数据，利用Mann-Kendall趋势检验法（M-K法）和Morlet小波法对1978—2015年黑龙江省农业气象灾害的受灾率变化趋势及时空分布特征进行分析，为黑龙江省的农业发展、灾害预防提供数据支持。

6.1 黑龙江省主要的农业气象灾害

本部分采用Mann-Kendall趋势检验法和小波分析法，基于其所处的地理位置，黑龙江省主要的农业气象灾害有洪涝、干旱、低温冷害、风雹等。

黑龙江省因干旱、洪涝、低温冻害、风雹等农业灾害造成的受灾面积和成灾面积如图6-1所示。由图6-1可知，1980—2015年，黑龙江省因洪涝、干旱、风雹和低温冷害造成的年平均农业受灾面积分别为93.11万hm^2、181.51万hm^2、27.83万hm^2和19.75万hm^2，分别占农业总受灾面积的28.69%、55.92%、8.57%和6.08%，农业成灾面积分别为49.36万hm^2、89.01万hm^2、16.96万hm^2和11.11万hm^2，占农业总成灾面积的30.16%、54.39%、10.36%和6.79%。因此，黑龙江省农业近30年来受干旱影响的面积最大，其次是洪涝灾害，该结果与郭丽娜（2014）以及王秋京等（2015，2016）科研工作者的研究结果一致。

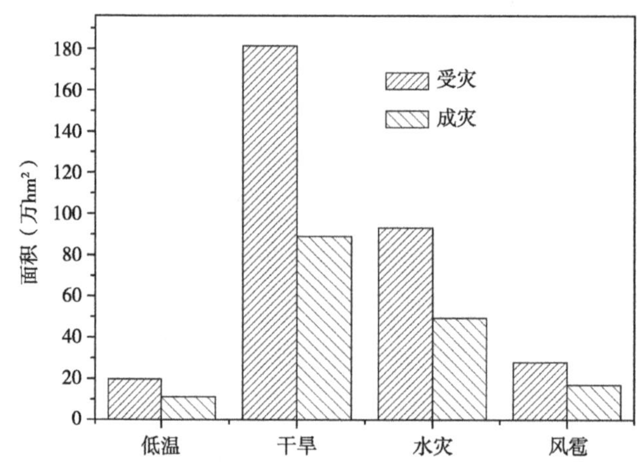

图6-1　1986—2015黑龙江省年冷害、干旱、水灾和风雹的年平均受灾和成灾面积

Fig. 6-1　Mean affected and damaged areas by agrometeorological disasters in Heilongjiang Province from 1986 to 2015

6.1.1　黑龙江省农业气象灾害的时间变化特征

农业气象灾害的发生具有明显的时间特征。图6-2为1980—2015年黑龙江省农业气象灾害与时间的序列趋势。由图6-2可知，1980—2015年，农业气象受灾率与成灾率呈现出一定的波动性，总体呈下降趋势，受灾率和成灾率分别以每年0.449%和0.208 4%的速率下降，且受灾率较成灾率下降速度快。在1980—2015年，22年的农业受灾率和21年的成灾率高于年均值，2003年的受灾率和成灾率最高，分别为67.93%和42.44%，2014年的成灾率和受灾率最低，分别为6.63%和3.75%。利用Mann-kendall法对黑龙江省1980—2015年的农业气象灾害进行分析，得到Mann-kendall统计量S为-160，小于0，标准统计变量Z为-2.17，其绝对值大于1.64，通过了置信度为95%的检验。因此，从1980—2015年，农业气象灾害的受灾率呈降低趋势，且降低趋势在95%置信水平上比较显著。总受灾率的下降除与近年来农业气象灾害减弱有关外，还与近年来黑龙江省抗灾措施、手段和能力的增强有关。

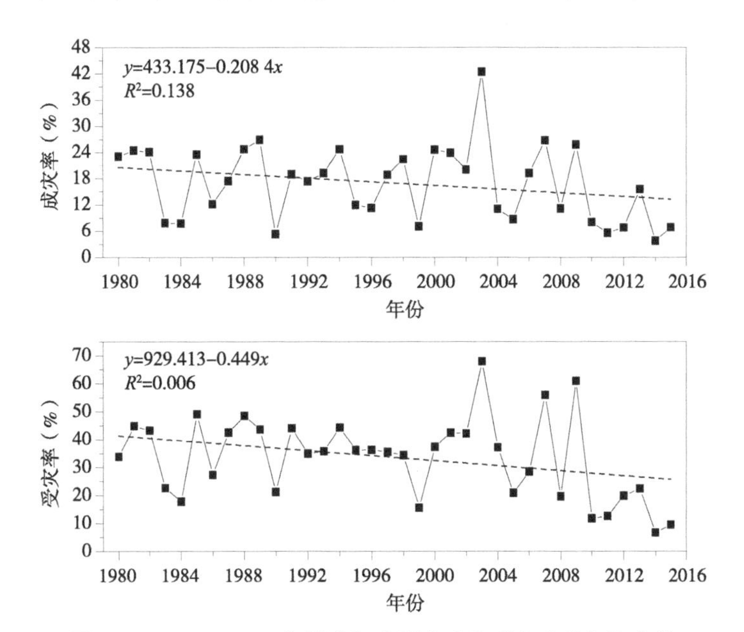

图6-2　1980—2015年黑龙江省受灾率和成灾率的年际变化

Fig. 6-2　Disaster and hazard rate of agrometeorological disasters in Heilongjiang Province from 1980 to 2015

6.1.2　黑龙江省农业气象灾害的小波分析

本部分采用Mann-Kendall趋势检验法和小波分析法，图6-3为受灾率的Morlet小波系数在各个时间尺度上正相位（小波系数>0）、负相位（小波系数<0）的振荡情况。由图6-3可知受灾率在8～25年和3～7年时间尺度存在较强的、全域性周期振荡变化。在3～7年时间尺度上，受灾率经历了正相位—负相位的准5次振荡。在8～25年时间尺度上，受灾率先后经历了正相位—负相位—正相位的准1.5次振荡。

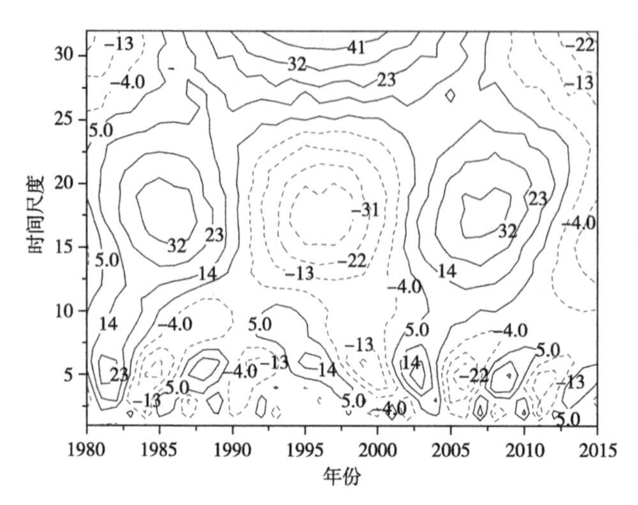

图6-3　1980—2015年黑龙江省历年受灾率小波系数变化

Fig. 6-3　Morlet wavelet coefficient of agrometeorological disaster rate in Heilongjiang Province for 1980 to 2015

通过小波方差可知在研究的时间段内，受灾率在各时间尺度下的周期波动的强弱变化情况，并据其可以确定受灾率变化主要时间尺度。图6-4为1980—2015年黑龙江省农业气象灾害受灾率的Morlet小波方差变化情况。由该图可知18年时间尺度为1980—2015年黑龙江省农业气象灾害受灾率变化的主周期，其次还存在着5～7年尺度周期段，5年为该周期段的中心时间尺度。

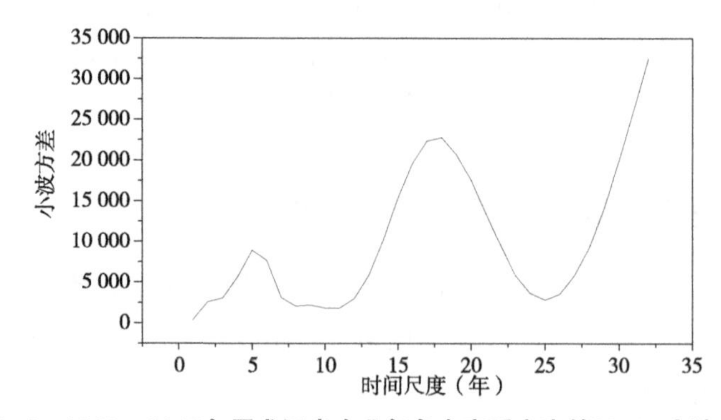

图6-4　1980—2015年黑龙江省农业气象灾害受灾率的Morlet小波方差

Fig. 6-4　Morlet wavelet variance of agrometeorological disasters in Heilongjiang Province from 1980 to 2015

黑龙江省农业气象灾害的主周期小波系数随时间的变化如图6-5所示。由图6-5可知受灾率周期波动的正负相位变化和突变点。在5年特征时间尺度上，小波系数经历了5个正相位—负相位振荡，总体上存在着8年的周期性变化，其中，1980—1983年、1987—1989年、1994—1997年、2002—2004年、2008—2010年

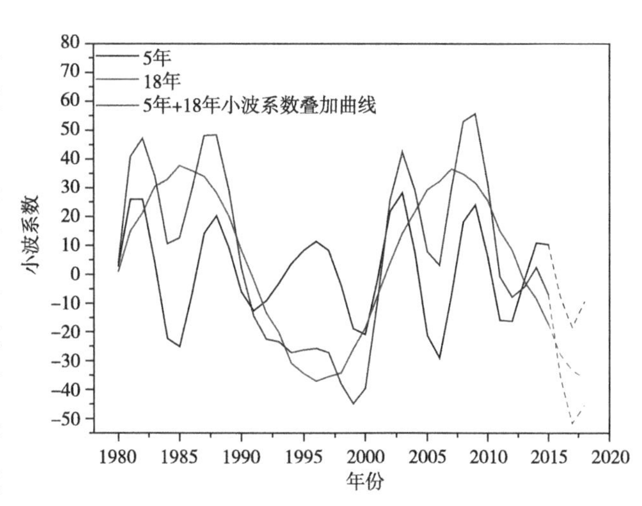

图6-5　1980—2015年黑龙江省农业气象灾害受灾率在时间尺度5年和18年的Morlet小波系数

Fig. 6-5　Morlet wavelet coefficient of agrometeorological disasters in Heilongjiang Province from 1980 to 2015

和2014—2015年小波系数处于正相位，表明这些年份灾情较重，而其他年份的小波系数处于负相位，表明这些年份的灾情较轻。正相位年份时间段长3～4年，下一个正相位出现在5～6年之后。在5年特征时间尺度上，小波系数的振荡变化符合方程$y=0.731\,3+19.944\sin\left[\frac{\pi(x-58.31)}{3.493}\right]$（$R^2=0.71$）。在18年特征时间尺度上，受灾率的平均变化周期为24年，其中，1980—1990年、2002—2012年小波系数处于正相位，其他年份处在负相位，正相位时间段长11年，负相位时间段长12年，其拟合方程为$y=0.259\,7+36.5683\sin\left[\frac{\pi(x+440.0686)}{11}\right]$（$R^2=0.996$）。主周期5年和18年的小波系数叠加后，1980—1990年、2002—2011年、2013—2014年为正相位区间，正相位时间段长分别为10年、9年和1年，负相位时间长度分别为12年和2年。因此，在1980—2015年时间段内，黑龙江省受灾率主要受5年和18年尺度振荡变化的控制，叠加之后的农业气象灾害受灾率大于零和小于零的部分主要受时间尺度18年的影响。图6-5中虚线部分是根据模拟公式得出的黑龙江省农业气象灾害在2016—2018年间小波系数的变化情况，其中5年时间尺度上是利用2010年以后的模拟公式$y=-2.198\,6+16.321\,6\sin\left[\frac{\pi(x-215.798)}{2.682\,43}\right]$（$R^2=0.96$）。

2015年之后，在5年和18年这两个主周期叠加的小波变化图上可知，在2015年之后，黑龙江省的农业气象灾害的受灾率均处在负相位，低于年均值，灾情较轻。

从5年和18年这两个主周期叠加的小波变化图上找到受灾率序列的突变点（表6-1）。由表6-1可知，主周期叠加后的突变点与18年的时间尺度相近，在2011年的突变可能是由于时间尺度5年和18年变化非同步引起的，在2011年，受灾率在5年和18年时间尺度上分别处在增加和减少阶段，增加效果较显著，因此在此处叠加的效果是增加的，变化系数由负值增加到正值，而其后，由于18年的减少效果较强，叠加后的Morlet系数由正值变为负值，主要表现出18年的变化趋势。因此，也表明18年是黑龙江省气象灾害变化的主周期。

表6-1　1980—2015年黑龙江省农业气象灾害受灾率的突变点

Tab. 6-1　Analysis on the Abrupt Change Points of disaster rate of agrometeorological disasters in Heilongjiang Province from 1980 to 2015

时间尺度	突变时间点
5年	1983—1984年、1986—1987年、1989—1990年、1993—1994年、1997—1998年、2001—2002年、2004—2005年、2007—2008年、2009—2010年、2013—2014年
18年	1990—1991年、2001—2002年、2012—2013年
叠加时间尺度	1990—1991年、2001—2002年、2011年、2013—2014年

6.1.3　黑龙江省农业气象灾害的空间分布特征

从1994—2002年，黑龙江省的行政区划相对稳定，且因黑龙江省农业气象灾害的变化主周期为18年，所以本研究利用1994—2012年黑龙江省各区域的农业气象灾害来分析农业气象灾害在黑龙江省的空间分布情况。在1994—2012年近20年的时间跨度中，各市受灾面积占全省总受灾面积比重由小到大顺序分别为大兴安岭0.74%、七台河1.25%、鹤岗1.39%、伊春1.66%、鸡西2.77%、牡丹江3.51%、双鸭山3.62%、黑河6.63%、大庆6.82%、佳木斯9.55%、哈尔滨13.49%、绥化20.38%和齐齐哈尔28.33%。齐齐哈尔的受（成）灾面积最大，其次为绥化，再次是哈尔滨。成灾和受灾面积除与灾情发生的范围、程度有关外，还受农作物种植面积的影响。例如，齐齐哈尔农作物种植面积是最多的，约占全省的22%，绥化约占18.4%，而哈尔滨约占16.6%。因此，各地区的受灾面积与全省总受灾面积的比重的大小与本地区的农作物耕种面积和总耕种面积的比重基本一致。而从1994—2012年，黑龙江省各地区年平均受灾率由大到小分别为齐齐哈尔74.2%、绥化65.3%、大庆60.5%、佳木斯58.6%、双鸭山56.5%、伊春50.3%、哈尔滨50.1%、黑河48.6%、鹤岗46.6%、七台河45.3%、牡丹江45%、鸡西44.4%、大兴安岭31.7%。齐齐哈尔、绥化和大庆的受灾情况相对其他地区严重。

农业受灾率和受灾面积比重在黑龙江省的空间分布规律基本一致，在同一纬度上，二者均从东经121°11′～135°05′呈递减趋势，齐齐哈尔市在同一经度上，从北纬43°26′～53°33′呈先增加后减小变化，齐齐哈尔市的最高；在同一经度上，齐齐哈尔市的受灾率和受灾面积比重较大兴安岭地区的高，大庆市的受灾率和受灾面积比重较黑河地区的高。农业气象灾害主要集中在黑龙江省的西南部，黑龙江中部次之，再次是西北、东南部地区，黑龙江东北部地区的农业气象灾害最轻。二者的区域分布特征可能与黑龙江各地的植被覆盖和对气候调节作用的大小有一定的关系。黑龙江省大小兴安岭、伊春、牡丹江等丘陵、山地的森林覆盖率较高，而齐齐哈尔、大庆、绥化和哈尔滨的植被主要是草地和耕地。树木对局部气候的调节作用要比草地和庄稼大，因此，森林覆盖率较高的区域气候变化相对草地和耕地要缓和得多。因此，黑龙江省从1960—2012年的降水量是以东南部的牡丹江和北部黑河市的孙吴为中心，向四周由大到小变化，西部松嫩平原区的降水量最小，在相同经度的齐齐哈尔站和安达站的平均降水量小于大兴安岭地区的平均降水量。而黑龙江省农业气象灾害的空间分布与降水量的分布呈相反趋势，表明降水量是影响农业生产主要因素。

6.1.4 结论

文章利用Mann-kendall、Morlet小波等分析方法对黑龙江省1980—2015年气象灾害的时间和空间分布特征进行了分析，结果如下。

（1）在1980—2015年，2003年、2007年和2009年黑龙江省农作物受灾面积较大，分别为665.9万hm^2、665.3万hm^2和739.4万hm^2，成灾面积分别为428.0万hm^2、318.7万hm^2和313.0万hm^2。Mann-kendall的分析表明，从1980—2015年，农业气象灾害的受灾率成降低趋势，且降低趋势在95%置信水平上比较显著。

（2）通过Morlet小波分析可知，在1980—2015年，黑龙江省农业气象灾害呈周期性振荡变化，主要受5年和18年尺度振荡变化的控制，可通过拟合预测某时间段农业气象灾害相位正负的情况，从而采取相应的措施。

（3）农业受灾率和受灾面积比重在黑龙江省的空间分布规律基本一致，在同一纬度上，二者均从东经121°11′～135°05′呈递减趋势，在同一经度上，从北纬43°26′～53°33′呈先增加后减小的变化。农业气象灾害主要集中在黑龙江省的西南部，黑龙江中部次之，再次是西北、东南部地区，黑龙江东北部地区的农业气象灾害最轻。

6.2 黑龙江省农业干旱灾害的时空变化特征研究

黑龙江省农业生产的气象灾害有20多种，其中干旱是影响黑龙江省农业生产的重要危害之一。在1987—2006年，洪涝、干旱和低温冷害为黑龙江省的主要气象灾害，旱灾和涝灾的发生呈周期性变化。因黑龙江省是我国重要的农业大省和商品粮基地，干旱对该省的经济发展和国家的粮食安全影响巨大。据郭丽娜等（2015）的研究，旱灾对黑龙江省粮食产量的影响显著，影响程度高于水灾。仅1982年，黑龙江全省受旱面积达到了1.1亿亩，受灾率和成灾率分别高达87%和47%，粮食减产39.33亿kg，使得部分企业停产，造成8.98亿元的产值损失。2000年，黑龙江省因干旱导致粮食减产62亿kg，受灾人数869.7万人，73万余头牲畜饮水困难，直接经济损失80亿元。1984—2007年，黑龙江省平均每年发生19.6次干旱，因其导致的经济损失达到了82 329.7万元。干旱指标可用来进行旱情的表征、分析和对比。常用的指标有降水距平百分率、Z指数、标准化降水指数（SPI）、受（成）灾率等。目前，已发表的相关文献存在研究时间较早或研究时间段较短，对干旱变化的时频特征研究较少的问题，且干旱指数计算大多基于降水量，很少将其与干旱实际受灾情况结合起来。因此，本研究利用M-K和Morlet小波法详细研究了1986—2015年干旱灾害受灾率的变化情况，避免因研究时间段较短而导致农业气象灾害的近期变化规律不能得到较好呈现，并克服了由农业气候变化的突发性和不确定性引起的农业气象灾害小尺度变化表达不准确的缺点。然后基于降水距平百分率与干旱受灾率之间的关系，计算干旱指数，并分析干旱危害的空间分布特征，可清楚、真实地表达黑龙江省干旱灾害多时间尺度的变化规律和空间分布特征，从而达到为黑龙江省农业发展服务的目的。

6.2.1 黑龙江省干旱年际变化特征

图6-6为黑龙江省1986—2015年农业干旱受灾率和成灾率的年际变化。由图6-6可知，1986—2015年，干旱灾害受灾率和成灾率呈现出一定的波动性，总体呈下降趋势，下降速率分别为1.6%/10年和0.6%/10年，受灾率较成灾率下降速度快。农业干旱灾害受灾率和成灾率在1996—2010年振荡幅度较大，农业干旱灾害主要发生在该时间段内，其中最高值为54.6%，出现在2007年，在2009年之后干旱导致的农业受灾率普遍较低，符合黑龙江省的气象灾情普查数据。在1990—1996年和2010—2015年振荡幅度较小。在某一时段降水量的变化可以解释洪涝和干旱灾害受灾率的变化。因此，干旱主要发生在1998—2010年。根据黑龙江省抗旱规划等级划分，1986—2015年，黑龙江省共发生特大旱灾、重旱、中旱和轻旱分别为6年、2年、10年和8年，占所有年份20%，

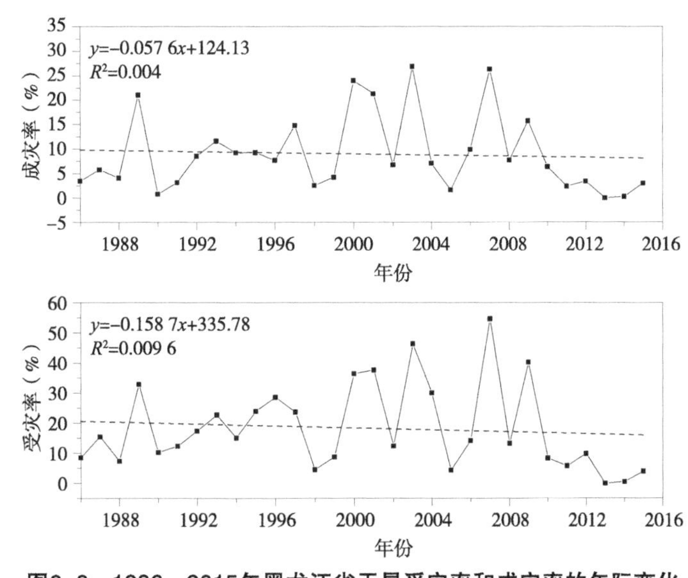

图6-6 1986—2015年黑龙江省干旱受灾率和成灾率的年际变化

Fig. 6-6 Disaster and hazard rate of drought in Heilongjiang Province from 1986 to 2015

6.7%、10%和26.7%（表6-2）。平均每5年、15年、3年和3.75年即有1年属于特旱、重旱、中旱和轻旱年份，基本符合黑龙江省3年一小旱、5年一大旱的特点。特大干旱主要发生在2001—2010年，重度干旱主要发生在1991—2000年，重度干旱和中度干旱主要发生于1991—1995年、2006—2010年和2001—2005年。轻度干旱主要发生于2011—2015年、1986—1990年和1996—2000年（表6-2）。因此，在黑龙江省发生年数由多到少的干旱等级依次为中度干旱、轻度干旱、特大干旱和重度干旱。

表6-2 基于成灾率的干旱等级划分及发生次数

Tab. 6-2 The grades and occurrences of drought based on hazard rates

时间段	平均受灾率（%）	平均成灾率（%）	基于成灾率的干旱等级划分标准（%）			
			轻度干旱（2～5）	中度干旱（5～10）	重度干旱（10～15）	特大干旱（≥15）
1986—1990年	14.83	7.01	2	1	0	1
1991—1995年	18.25	8.33	1	3	1	0
1996—2000年	20.33	10.63	2	1	1	1
2001—2005年	26.07	12.69	0	2	0	2
2006—2010年	26.09	13.2	0	3	0	2
2011—2015年	4.00	1.81	3	0	0	0

利用Mann-kendall法对黑龙江省1986—2015年农业干旱灾害数据进行分析，得到农业干旱灾害受灾率和成灾率的Mann-kendall统计量S和Z均小于0，Z值分别为-0.96和-0.71，其绝对值小于1.64，下降趋势不显著。对农业成灾率和受灾率进行拟合，得到成灾率和受灾率之间的关系式：成灾率y=0.51x-0.371（R^2=0.85），受灾率与成灾率关系密切且趋势相同，所以下面研究基于干旱受灾率展开。

图6-7为干旱受灾率突变检验结果。由图6-7可知，干旱气象灾害受灾率在2012—2013年发生突变，UF在1989—2012年均大于零，且Z值绝大多数小于1.96，表明旱灾受灾率在该期间呈上升趋势，但上升趋势不显著，其后呈下降趋势，下降趋势不显著。黑龙江省的农业生产主要依赖自然降水。

黑龙江省近30年4—8月的降水量及累积距平图（图6-8）可知，黑龙江省4—8月的降水整体呈增加趋势，且降水在1986—1998年、1999—2007年和2008—2015年分别是明显增加、下降和稍微增加的，与黑龙江省全年降水规律一致。降水的增加及年际变化是导致黑龙江省干旱受灾率和成灾率下降和干旱主要发生于1996—2010年的主要原因。另外，2011—2015年黑龙江省的水利设施和浇灌技术不断进步也使得干旱受灾率下降。

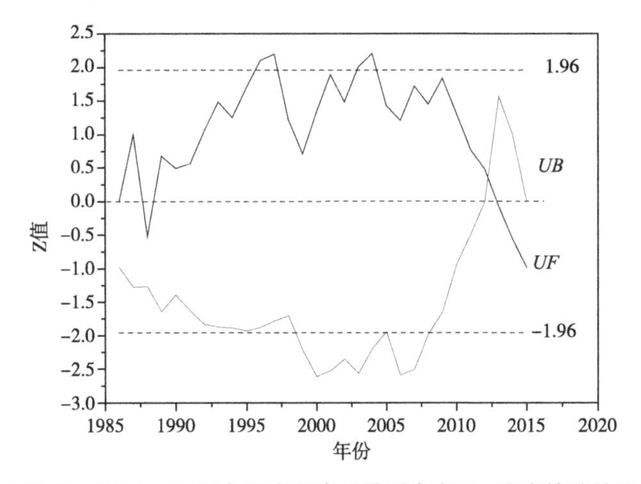

图6-7　1986—2015年黑龙江省干旱受灾率M-K突变检验结果

Fig. 6-7　The M-K analysis of drought disaster rate in Heilongjiang Province from 1986 to 2015

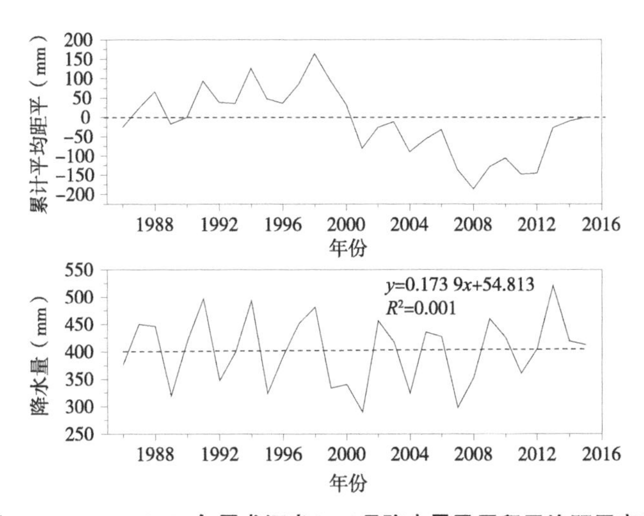

图6-8　1986—2015年黑龙江省4—8月降水量及累积平均距平变化

Fig. 6-8　The precipitation and the cumulative departure curve from April to August in Heilongjiang Province from 1986 to 2015

6.2.2 黑龙江省农业干旱气象灾害的小波分析

图6-9为黑龙江省1986—2015年农业干旱受灾率的Morlet小波分析结果。由小波系数等值线图6-9a可知，农业干旱灾害受灾率的变化存在着

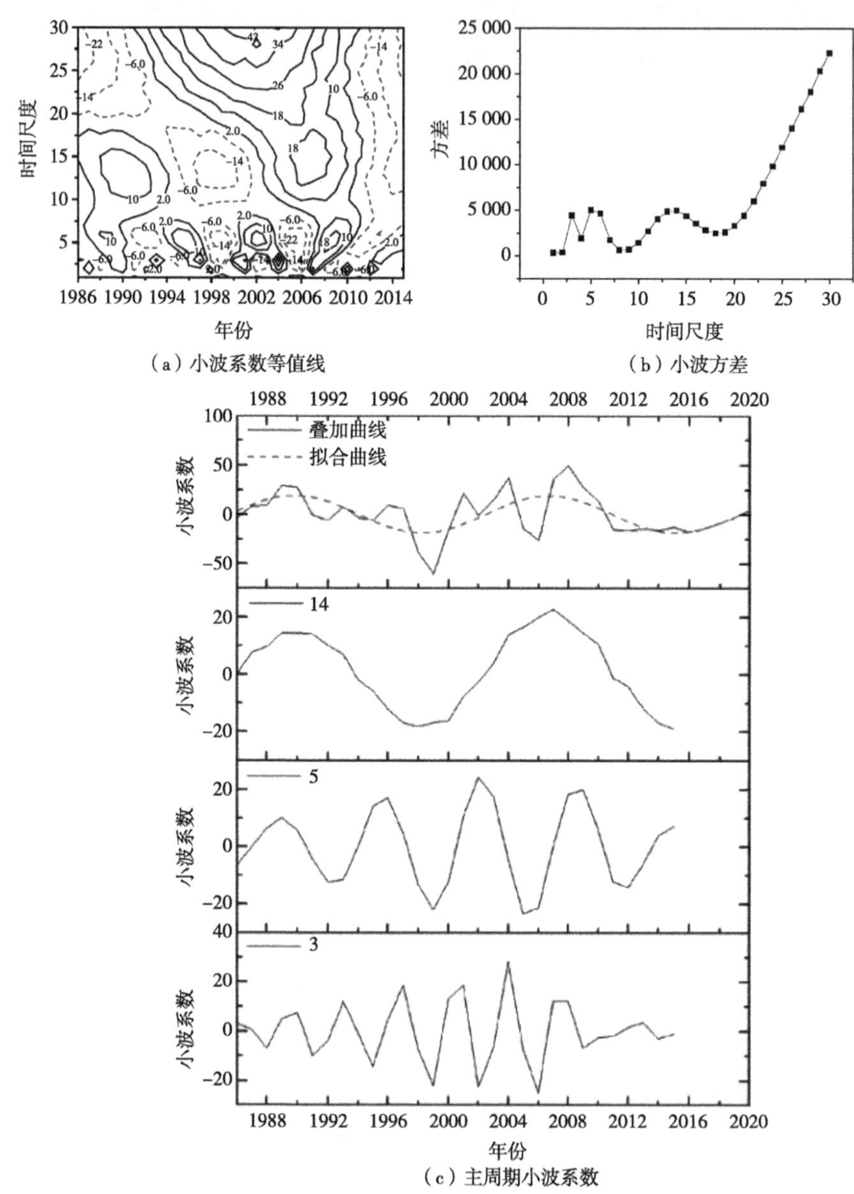

（a）小波系数等值线　（b）小波方差

（c）主周期小波系数

图6-9　1986—2015年黑龙江省历年农业干旱受灾率小波分析结果

Fig. 6-9　Morlet analysis results of drought disaster rates in Heilongjiang Province from 1986 to 2015

9～18年、4～9年和0～4年时间尺度的周期性振荡变化。其中，在9～18年时间尺度上经历了减—增的准1.5次振荡，2011—2015年受灾率处于负相位；在4～9年时间尺度上经历了减—增的准4次振荡，2013—2015年处于正相位；农业干旱受灾率在14年和5年这两个时间尺度上的变化比较稳定。经小波方差分析可知，农业旱灾的变化周期为3年、5年和14年，其中14年为变化的主周期，如图6-9b所示。图6-9c为农业旱灾受灾率的3年、5年和14年时间尺度的小波系数图及其拟合公式。由图6-9c可知，将农业旱灾受灾率的3年、5年和14年时间尺度的小波系数进行拟合，得拟合公式为$y=0.21+18.75\sin(0.37x+35)$，$R^2=0.24$。根据拟合公式可以预计某一时段发生农业干旱灾害的可能性，从而采取适当的措施。

6.2.3　黑龙江省农业气象灾害的空间分布特征

基于4—8月降水距平百分率的各等级干旱次数与干旱受灾率的关系为：$Y=0.15N_1+0.68N_2+0.64N_3+1.132N_4-3.61$（$R^2=0.45$），通过了0.05显著性检验。利用公式计算干旱指数，然后研究黑龙江省农业干旱危害的空间分布特征，见表6-3。由表6-3可知，干旱指数呈西部和东北部高、中间低的分布状态，其中干旱指数以齐齐哈尔最高，其次是大庆、绥化、黑河西南部、佳木斯和七台河部分地区。

黑龙江省是春旱和夏旱多发省份。由表6-3可知，春旱指数是以富裕、乌苏里江南端以及佳木斯为中心，分别向周围递减，其中齐齐哈尔中部地区春旱指数最高，其次是鸡西市的东南部、大庆、绥化、黑河西南部、哈尔滨市南部和佳木斯市及周边地区，西部地区春旱的面积约为东部地区的2倍。而夏旱指数则呈现出西部和东北部高、中部低的特征。夏旱指数与年干旱指数的空间特征相一致，表明夏旱在黑龙江省的农业生产中危害最大。春旱和夏旱危害较大的地区有齐齐哈尔市、绥化、黑河西南部、佳木斯市及周边地区。需要在该地区做好水利基础设施建设，发展节水农业，推广节水技术，选育和推广抗旱品种，做好抗旱减灾的应急响应方案以及健全抗旱体系和相应的规章制度，尽量减轻旱灾的危害。因本研究考虑各级干旱的危害权重，所以干旱指数的空间分布与仅以干旱发生次数或发生频率的空间分布并不完全一致。

表6-3　黑龙江省各地的干旱指数

Tab. 6-3　The drought indices in Heilongjiang Province

站台名	干旱指数	春季干旱指数	夏季干旱指数	站台名	干旱指数	春季干旱指数	夏季干旱指数
齐齐哈尔龙江	0.351 5	0.075 4	0.276 1	牡丹江宁安	0.214 7	0.014 5	0.200 2
齐齐哈尔泰来	0.380 6	0.090 7	0.289 9	佳木斯汤原	0.284 8	0.062 8	0.222 0
齐齐哈尔富裕	0.335 2	0.137 7	0.242 9	佳木斯佳木斯	0.272 6	0.096 2	0.219 9
大庆肇源	0.277 2	0.051 6	0.225 5	伊春嘉荫	0.271 0	0.043 8	0.227 6
绥化安达	0.315 2	0.089 8	0.250 5	牡丹江穆棱	0.227 8	0.035 2	0.200 7
齐齐哈尔克山	0.276 1	0.061 4	0.214 7	七台河勃利	0.277 3	0.044 0	0.233 3
齐齐哈尔拜泉	0.295 3	0.052 2	0.243 1	双鸭山集贤	0.287 6	0.052 2	0.235 5
绥化青冈	0.321 7	0.048 9	0.272 8	佳木斯富锦	0.306 5	0.051 7	0.254 8
哈尔滨双城	0.271 4	0.107 9	0.220 6	双鸭山宝清	0.239 8	0.036 6	0.203 2
哈尔滨	0.241 2	0.053 6	0.198 3	鸡西虎林	0.240 7	0.109 3	0.196 7
绥化海伦	0.235 2	0.037 7	0.197 5	双鸭山饶河	0.282 7	0.017 8	0.265 0
哈尔滨五常	0.202 4	0.041 5	0.168 6	大兴安岭呼玛	0.274 7	0.049 4	0.225 3
哈尔滨巴彦	0.232 8	0.072 4	0.174 8	黑河黑河	0.247 4	0.059 0	0.188 1
绥化庆安	0.240 3	0.042 1	0.198 3	黑河嫩江	0.291 4	0.069 1	0.222 3
哈尔滨尚志	0.2077	0.057 9	0.180 6	黑河德都	0.257 6	0.050 3	0.207 3
哈尔滨方正	0.237 4	0.035 2	0.202 1				

6.2.4 结论

利用Mann-kendall检验和Morlet小波法对黑龙江省1986—2015年的农业气象灾害数据进行分析，研究黑龙江省农业干旱灾害多尺度时间变化特征。基于降水，计算了干旱指数，并分析了干旱指数的空间分布特征，得到以下结论。

（1）在1986—2015年，干旱造成黑龙江省农业受灾和成灾的面积最大，干旱成灾率和受灾率下降趋势不显著。发生中度干旱、轻度干旱、特大干旱和重度干旱的年数依次减少。

（2）通过Morlet小波分析可知，干旱受灾率在1986—2015年呈周期性变化，主周期14年。根据拟合公式可预测某时段黑龙江省干旱导致的农业受灾率所处相位的正负情况，从而有针对性地进行部署和安排工作。

（3）黑龙江省西南部是春旱和夏旱高危害区，需要在该地区做好水利基础设施建设，发展节水农业，推广节水技术，选育和推广抗旱品种，以及做好抗旱减灾的应急响应方案，健全抗旱体系和相应的规章制度。

6.3 黑龙江省低温冷害和风雹近30年的变化特征

低温冷害和风雹是导致农作物减产的两种主要农业气象灾害。因黑龙江省所处的地理位置，低温冷害和风雹发生较为频繁。许多研究表明，低温冷害和风雹影响黑龙江省粮食生产安全和国民经济发展。黑龙江省低温冷害主要发生在黑龙江北部地区，且主要发生在20世纪70年代、80年代和90年代。1969年、1972年和1976年，黑龙江省因为低温早霜，粮食、豆类和薯类作物的产量分别比1968年、1971年和1975年减少28%、25%和20%。因5—9月是农作物的生长发育期，所以该时间段的低温冷害对农业生产影响较大。在2018年9月9日夜间至10日凌晨，黑龙江省西北部地区大豆低温霜冻面积约为98.57万hm^2，约占全省种植面积的29.9%；产量损失预计为2.75亿kg左右，约占全省总产的4.45%。而冰雹发生的时间多集中于5月上旬至7月上旬以及9月中旬，在黑龙江省的中北部如大、小兴安岭山麓、小兴安岭山脉迎风坡和松花江、兴凯湖沿岸发生冰雹的概率较多。据记载，2011年黑龙江省在6—8月有32个县遭受风雹，导致253.5万人和51.9万hm^2农作物受灾，有5.7万hm^2农作物绝收，造成41.5亿元的经济损失。为全面深入了解黑龙江省低温冷害和风雹的发生规律，本研究利用黑龙江省1980—2015年低温冷害和风雹数据，采用Mann-Kendall法（M-K法）和Morlet小波法对其进行了详细研究，为黑龙江省的农业低温冷害和风雹预防和减灾工作提供支持。

6.3.1 黑龙江省低温冷害和风雹时序变化

由图6-10可知，1980—2015年低温冷害和风雹的受灾率均呈波动变化。低温冷害受灾率以0.11%/10年的速率下降，下降趋势不明显，在1990—2005年的波动幅度较大。风雹受灾率以0.29%/10年的速率增加，上升趋势亦不明显，除2002年受灾率较高外，其他年份波动幅度比较稳定。

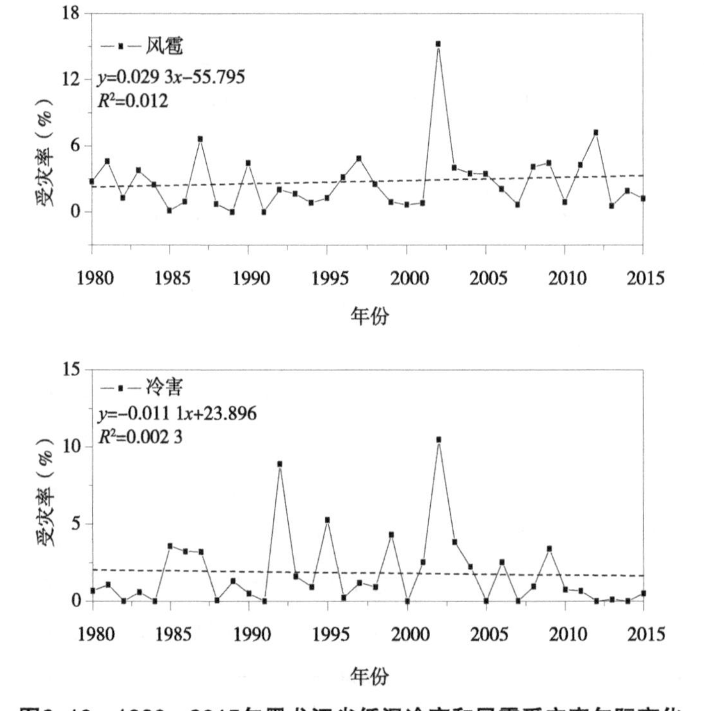

图6-10　1980—2015年黑龙江省低温冷害和风雹受灾率年际变化

Fig. 6-10　Disaster rate interannual variation of chilling injuries and hails & tornadoes in Heilongjiang Province from 1980 to 2015

6.3.2 黑龙江省农业低温冷害和风雹受灾率的Mann-Kendall趋势和突变检验

利用Mann-kendall法对黑龙江省1980—2015年的低温冷害和风雹灾害数据进行了分析，得到农业低温冷害受灾率的Mann-kendall统计量S为-47，标准统计量Z为-0.63，均小于0，但Z绝对值小于1.28。因此，低温冷害受灾率呈下降趋势，但下降趋势未通过0.1水平上的显著性检验。风雹受灾率的Mann-kendall统计量S为25，标准统计量Z值为0.33，均大于0，且Z的绝对值小于1.28。因此，风雹呈上升趋势，但上升趋势亦未通过0.1水平上的显著性检验。

根据Mann-Kendall的突变检验可知低温冷害和风雹的受灾率局部变化特征和突变点的情况。如图6-11所示，1980—2015年黑龙江省的低温冷害受灾率除1982年、1983年、1984年、1985年、1991年、2013年、2014年和2015年这8年的UF值在-1.96和0之间，其他28年的UF值在0和1.96之间。这解释了M-K趋势检验在1980—2015年低温冷害受灾率呈增加趋势但增加趋势不显著的分析结果。低温冷害受灾率于1982年、1983—1984年和2011—2012年发生突变。风雹的受灾率UF在1982—2003年小于0，绝对值小于1.96，但自2004年开始，$0<UF<1.96$。因此，风雹受灾率在1982—2003年呈不显著降低趋势，在2004—2015年呈不显著增加趋势，其突变点位于1981—1982年、2001—2002年和2007年。

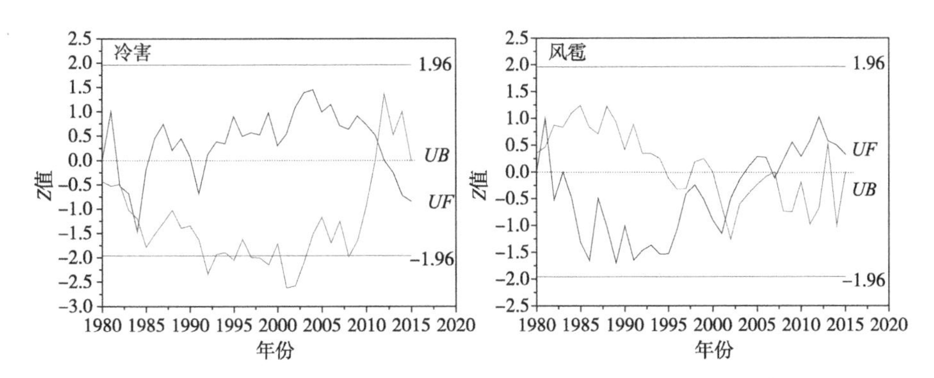

图6-11 1980—2015年黑龙江省农业低温冷害和风雹的M-K突变检验结果

Fig. 6-11 M-K analysis on the abrupt change points of chilling injuries, hails & tornadoes in Heilongjiang Province from 1980 to 2015

6.3.3 黑龙江省低温冷害和风雹小波分析

由图6-12a可知，低温冷害受灾率的变化存在着13～32年、5～12年和0～4年时间尺度的周期性振荡变化。其中，在13～32年时间尺度上经历了减—增的准1次振荡，2006年至今仍处在减少阶段；在5～12年时间尺度上经历了减—增的准4次振荡，2014年以后处在减少阶段。受灾率在这两个时间尺度上的变化非常稳定。受灾率在0～4年时间尺度上的减—增周期性变化在1990—2006年这17年期间表现稳定。经小波方差分析可知，黑龙江省的农业气象低温冷害受灾率变化周期分别为3年和7年，其中7年为变化的主周期（图6-12b）。将时间尺度3年和7年的小波系数进行叠加后拟合，得到拟合曲线：y=0.142+3.68sin（0.75x−188.77）（R^2=0.51）。由拟合公式可知，2017—2019年黑龙江省农业低温冷害受灾率处在正相位，如图6-15c所示。

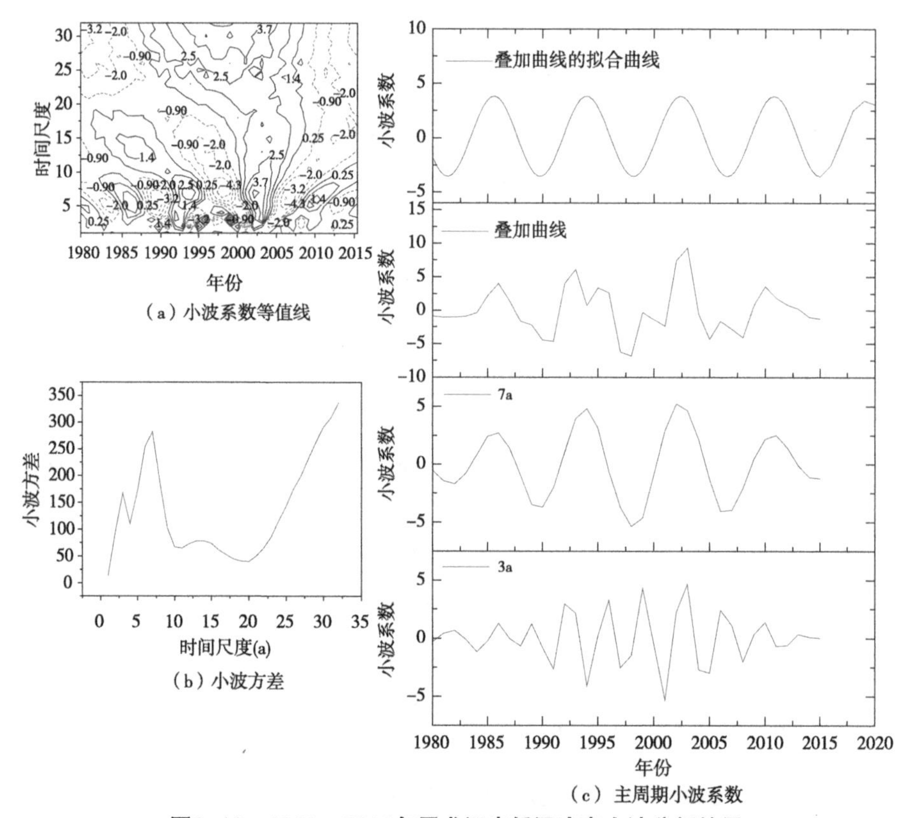

（a）小波系数等值线

（b）小波方差

（c）主周期小波系数

图6-12　1980—2015年黑龙江省低温冷害小波分析结果

Fig. 6-12　Wavelet analysis results of disaster rates affected by chilling injuries in Heilongjiang Province from 1980 to 2015

由图6-13a可知，风雹灾害受灾率存在着9～32年、4～8年和0～3年时间尺度的周期性振荡变化。其中，在9～32年时间尺度上经历了减—增的准1次振荡，2002年至今仍处于增加阶段；在4～8年时间尺度上经历了减—增的准5次振荡，2014年以后处于增加阶段；受灾率在这两个时间尺度上的

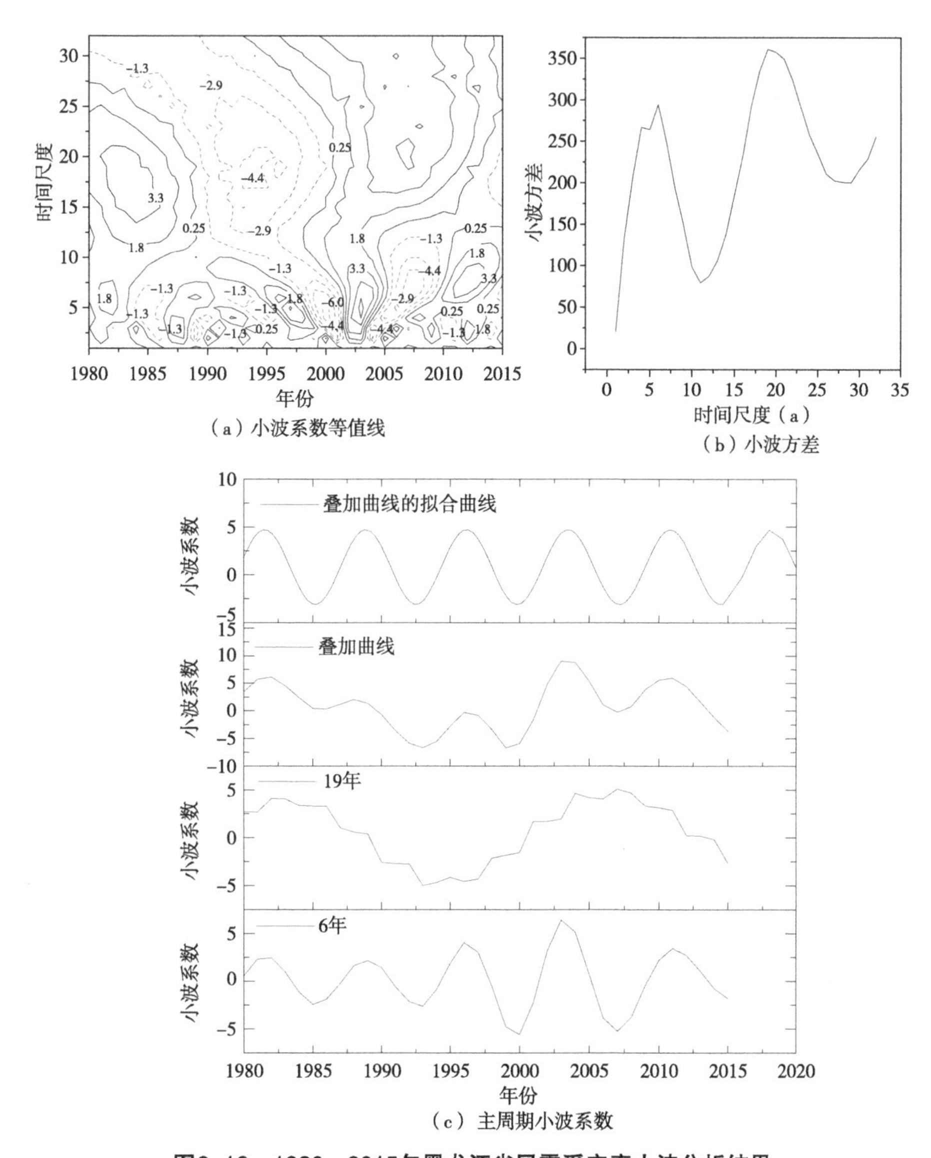

图6-13　1980—2015年黑龙江省风雹受灾率小波分析结果

Fig. 6-13　Wavelet analysis results of disaster rates affected by hails and tornadoes in Heilongjiang Province from 1980 to 2015

变化比较稳定。受灾率在0～3年时间尺度上的减—增周期性变化在1980—1992年和1999—2014年表现稳定。经小波方差分析可知，黑龙江省的农业气象风雹受灾率变化周期分别为6年和19年，19年为变化的主周期（图6-13b）。将时间尺度6年和19年的小波系数进行叠加后拟合，得到拟合曲线：y=0.8+3.91sin（0.86x+158.13）（R^2=0.38）。根据拟合曲线可预测黑龙江省农业风雹受灾率所处相位，从而采取应对措施（图6-13c）。

6.3.4 结论

本研究首先对黑龙江省1980—2015年的低温冷害和风雹受灾率的时间分布特征进行研究，结果如下。

（1）1980—2015年，低温冷害和风雹的受灾率均呈波动变化。低温冷害和风雹受灾率分别以-0.11%/10年和0.29%/10年的速率变化，但变化趋势均不明显。低温冷害受灾率在1990—2005年的波动幅度较大，而风雹受灾率在2002年受灾率较高。

（2）Mann-Kendall趋势和突变检验表明，低温冷害受灾率呈下降趋势，风雹呈上升趋势，二者均未通过0.1水平上的显著性检验。在1980—2015年，低温冷害受灾率于1982年、1983—1984年和2011—2012年发生突变。风雹受灾率的突变点位于1981—1982年、2001—2002年和2007年。

（3）通过Morlet小波分析可知，黑龙江省的农业气象低温冷害和风雹受灾率变化主周期分别为7年和19年。

6.4 1986—2015年水稻种植区及延迟低温冷害研究

6.4.1 水稻种植面积的变化

由于得天独厚的自然资源禀赋及气候条件，水稻是黑龙江省三大主要农作物之一。经过多年的发展，黑龙江省水稻种植和产量已经位居我国第一，在一、二、三、四积温带均有水稻种植，最北可达大兴安岭的呼玛县。黑龙江省的水稻种植主要受热量资源和水资源的影响，其中黑龙江省的北部地区主要受热量资源的影响，而南部地区和西南部地区由于十年九春旱，所以主要受水资源的影响。自2005年起，水稻的种植面积一直呈上升趋势，由2000年的20.5%上升到2016年的22.6%，如图6-14所示。2017年，黑龙江省贯彻中央一号文件精神，积极推进旱改水后，水稻的种植面积比2016年增加了16.8%。但由于黑龙江省的纬度较高，低温冷害成为影响水稻产量的主要农业气象灾害之一。低温冷害一般分为延迟型冷害、障碍型冷害和混合型冷害3种类型。在黑龙江省，延迟型冷害的发生频率要高于障碍型冷害。因此，对水稻低温延迟冷害的研究比较有意义。在行业标准《水稻、玉米冷害等级》（QX/T 101—2009）中对水稻延迟低温冷害进行了定义和分级。《水稻冷害评估技术规范》（QX/T 182—2013）则专门针对水稻延迟冷害和障碍冷害的等级和评估技术进行了说明，其中包括北方水稻。在现行的《北方水稻低温冷害等级》（GB/T 34967—2017）中对水稻种植区进行了划分，并对水稻延迟型低温冷害的等级标准进行了相应的调整。调整细化后的国标更能反映水稻低温冷害的实际情况。目前依据该标准对黑龙江省水稻种植区的变化及冷害发生情况的研究较少。根据《北方水稻低温冷害等级》（GB/T 34967—2017），水稻种植区的冷害与$\sum T_{5-9}$有着密切的关系。

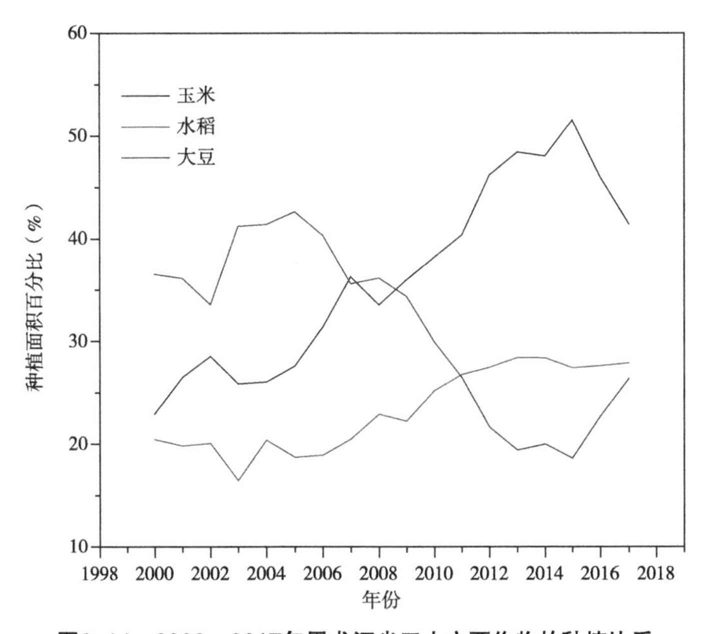

图6-14　2000—2017年黑龙江省三大主要作物的种植比重

Fig. 6-14　The ratio of main crops in Heilongjiang Province from 2000 to 2017

因此，本研究对黑龙江省31个站点1986—2015年的$\bar{\sum}T_{5-9}$温度数据进行统计，并研究其时空间分布规律。在此基础上，结合《北方水稻低温冷害等级》（GB/T 34967—2017）研究水稻种植区分布及时间变化，为黑龙江省的水稻生产以及减灾提供理论支撑。

6.4.2 $\bar{\sum}T_{5-9}$时间变化规律

1986—2015年的$\bar{\sum}T_{5-9}$的变化如图6-15所示。由图6-15可以看出，1986—2015年间$\bar{\sum}T_{5-9}$的变化符合公式$\bar{\sum}T_{5-9}=0.202\,8x-314.342$ ($R^2=0.38$)，该公式经过ANOVA分析，F_{value}=17.25，$Prob>F=2.78\times10^{-4}$，通过了99%置信检验，该公式可以表达$\bar{\sum}T_{5-9}$的变化趋势。从公式可以看出，1986—2015年$\bar{\sum}T_{5-9}$以2.03℃/10年的速度增加，增速明显。1986—1995年的$\bar{\sum}T_{5-9}$升高的速率较1996—2005年的高，而近10年内全省的$\bar{\sum}T_{5-9}$增长速率为负值，呈降低趋势。因此，需根据该地所处的水稻种植区选择适宜的水稻品种和育秧、种植技术。

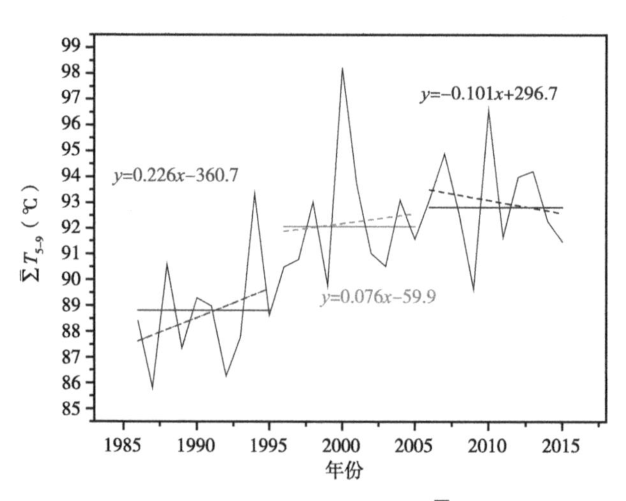

图6-15　1986—2015年黑龙江省的$\bar{\sum}T_{5-9}$的变化

Fig. 6-15　The virration of $\bar{\sum}T_{5-9}$ in Heilongjiang Province from 1986 to 2015

利用小波分析研究黑龙江省1986—2015年$\bar{\sum}T_{5-9}$温度不同时间尺度的周期变化情况，图6-16为$\bar{\sum}T_{5-9}$的小波系数等值线。通过图6-16和图6-17可知，黑龙江省近30年的温度变化的时间特征是$\bar{\sum}T_{5-9}$在时间尺度5～13年和12～23年存在着周期变化。在5～13年时间尺度上发生了2次正负准周期变化，在12～23年时间尺度上在1986—1994年、1995—2005年以及2006—2014年分别经历了正相、负相和正相的1.5次准周期变化，时间分别持续了9年、11年和9年。根据小波系数分析可知，10年和17年是变化的周期，其中17年是变化的主周期。其小波变化符合公式y=0.944 5+8.766 3(0.308x-195.383 4)(R^2=0.999)。该公式经过ANOVA分析，F_{value}=46.26，$Prob>F$=8.98×10^{-11}，通过了99%置信检验。由其拟合公式可知在2016—2020年，小波系数处于波峰向波谷变化的负相位，同样表明黑龙江省进入降温期。

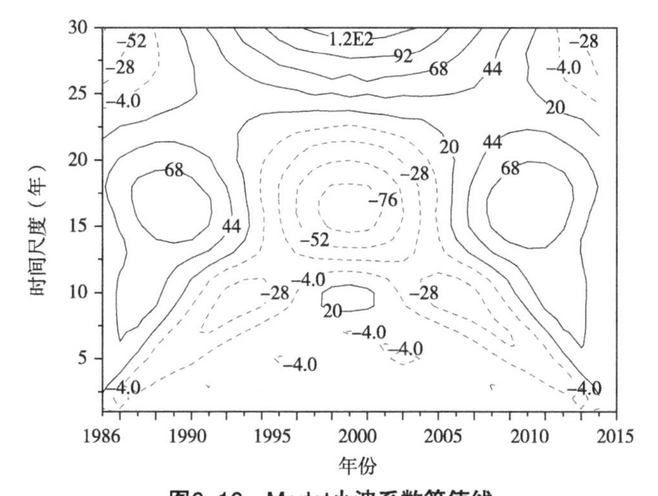

图6-16　Morlet小波系数等值线

Fig. 6-16　The counter map of Morlet coefficient

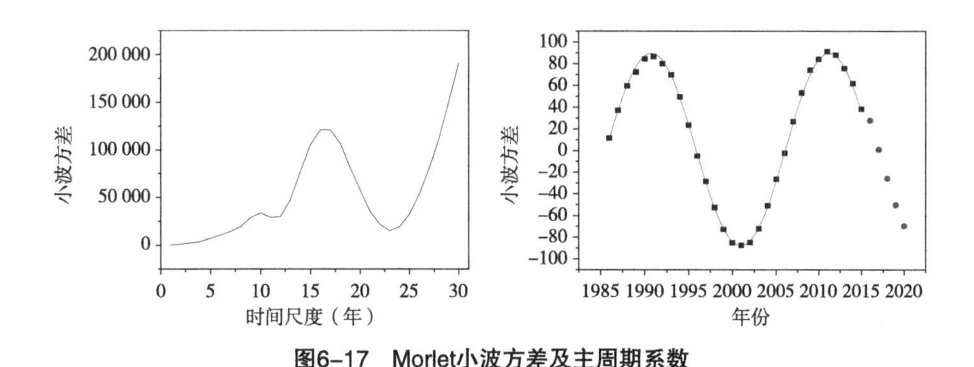

图6-17　Morlet小波方差及主周期系数

Fig. 6-17　The counter map of Morlet coefficient

6.4.3 $\bar{\sum}T_{5-9}$空间分布特征

对黑龙江省31个站点1986—2015年的$\bar{\sum}T_{5-9}$温度数据进行统计，并分析其空间分布特征，见表6-4。由表6-4可知，黑龙江省1986—2015年的$\bar{\sum}T_{5-9}$有两个变化趋势：在松嫩平原地区，从泰来、肇源和双城开始，$\bar{\sum}T_{5-9}$随着纬度的升高而降低；而在三江平原上，$\bar{\sum}T_{5-9}$以集贤为中心逐渐向四周降低。总体而言，$\bar{\sum}T_{5-9}$具有明显的纬度变化特征。按照《北方水稻低温冷害等级》（GB/T 34967—2017）的划分标准，黑龙江省约有1/2的区域位于水稻早熟区。如除去呼玛以北的地区，黑龙江省约有1/3的地区处于水稻早熟区，2/3位于中熟区。

表6-4 黑龙江省各地$\bar{\sum}T_{5-9}$

Tab. 6-4 The change of $\bar{\sum}T_{5-9}$ in Heilongjiang Province

站名	$\sum T_{5-9}$(℃)	纬度	经度	海拔(m)	站名	$\sum T_{5-9}$(℃)	纬度	经度	海拔(m)
大兴安岭呼玛	81.91	51.72	126.65	178.2	佳木斯汤原	89.71	46.73	129.88	95.9
黑河黑河	84.22	50.25	127.45	166.9	佳木斯佳木斯	92.46	46.82	130.28	82.2
黑河嫩江	85.04	49.17	125.23	243	双鸭山集贤	94.48	46.72	131.13	106
黑河德都	85.26	48.5	126.18	273.2	双鸭山宝清	92.66	46.32	132.18	83.5
齐齐哈尔克山	89.75	48.05	125.88	236.3	双鸭山饶河	87.39	46.8	134	55.7
伊春嘉荫	86.26	48.88	130.4	91.5	哈尔滨哈尔滨	97.21	45.75	126.77	143
齐齐哈尔龙江	95.42	47.33	123.18	190.5	大庆肇源	97.91	45.5	125.08	128.5
齐齐哈尔富裕	92.80	47.8	124.48	164.7	哈尔滨双城	97.06	45.38	126.3	167.3
齐齐哈尔拜泉	89.61	47.6	126.1	232.4	哈尔滨方正	91.84	45.83	128.8	120

（续表）

站名	$\sum T_{5\text{-}9}$（℃）	纬度	经度	海拔（m）	站名	$\sum T_{5\text{-}9}$（℃）	纬度	经度	海拔（m）
绥化海伦	89.37	47.43	126.97	240.4	哈尔滨尚志	90.36	45.22	127.97	191
佳木斯富锦	91.10	47.23	131.98	65	七台河勃利	92.90	45.75	130.58	220.5
齐齐哈尔泰来	98.6	46.4	123.42	151.2	鸡西虎林	89.60	45.77	132.97	103.5
绥化青冈	92.50	46.68	126.1	206.3	哈尔滨五常	95.02	44.9	127.15	196.2
绥化安达	95.99	46.38	125.32	150.1	牡丹江穆棱	89.35	44.93	130.55	266.7
绥化庆安	91.84	46.88	127.48	185.8	牡丹江宁安	90.86	44.33	129.47	272.4
哈尔滨巴彦	91.92	46.08	127.35	134.8					

$\bar{\sum}T_{5\text{-}9}$与所测站点的经度、纬度和海拔有一定的关系。利用多元线性回归法得到在1986—2015年，其与经度（j）、纬度（w）和海拔（h）之间的关系为：$\bar{\sum}T_{5-9} = -2.111\,1w - 0.997\,65j - 0.032\,56h + 323.341\,34(R^2 = 0.82)$。该公式经过ANOVA分析，$F_{value}$=46.26，$Prob>F$=8.98 × 10^{-11}，通过了99%置信检验，可以描述海拔和经纬度对$\bar{\sum}T_{5\text{-}9}$的影响。由该公式可以看出，纬度和经度对$\bar{\sum}T_{5\text{-}9}$的影响比较大。如所研究的区域无具体气象数据时，可以用该公式计算该地的$\bar{\sum}T_{5\text{-}9}$。然后根据$\bar{\sum}T_{5\text{-}9}$划分水稻种植区是早熟区还是晚熟区，并据此选择合适的水稻品种和种植技术，保证水稻的产量。

6.4.4 种植区的时间变化特征

对黑龙江省31个站点的温度数据进行1986—1995年（t_1）、1996—2005年（t_2）、2006—2015年（t_3）以及1986—2015年（t_4）分时段统计，统计结果见表6-5。由表6-5可知，所研究的31个站点的$\bar{\sum}T_{5\text{-}9}$在79～101℃。按照

《北方水稻低温冷害等级》（GB/T 34967—2017）的划分标准，本研究的31个站点在1986—1995年、1996—2005年、2006—2015年以及1986—2015年分时段内位于早熟区、中熟区和晚熟区的情况见表6-5。由表6-5可知，位于水稻早熟区的站点数由1986—1995年的13个变为1996—2005年的6个，再变为2006—2015年的5个，而中熟区的站点个数则分别为18个、21个和22个。晚熟区由1986—1995年的0个变为4个站点。根据《北方水稻低温冷害等级》（GB/T 34967—2017），$\overline{\sum}T_{5-9}$在83～103℃，每增加5℃则升半个种植区，每增加10℃则增加1个种植区。2006—2015年时段与1986—1995年相比，种植区增加了半个的有5个站点，占总研究站点的16.12%，见表6-6。增加了1/4个时区的站点达到了总站点数的88%。因此，在全球变暖的大背景下，黑龙江省的水稻种植区发生了北移，但北移的幅度较小。从小波研究结果可知，黑龙江将进入降温周期，所以水稻种植区或许还会南移，因此，可以退1/4或半个种植区选择或调整现在的水稻种植品种，有利于减少冷害带来的损失，保证水稻的产量。

表6-5　1986—2015年黑龙江省位于各水稻种植区的站点个数

Tab. 6-5　The number of station locating in every rice planting region in Heilongjiang Province from 1986 to 2015

等级		早熟区		中熟区		晚熟区	
		Ⅰ	Ⅱ	Ⅰ	Ⅱ	Ⅰ	Ⅱ
		$\overline{\sum}T_{5-9}\leq$ 83	83< $\overline{\sum}T_{5-9}\leq$88	88< $\overline{\sum}T_{5-9}\leq$93	93< $\overline{\sum}T_{5-9}\leq$98	98< $\overline{\sum}T_{5-9}\leq$103	$\overline{\sum}T_{5-9}>$ 103
1986—1995年	站点数	4	9	14	4	0	0
	占比（%）	12.9	29.0	45.2	12.9	0	0
1996—2005年	站点数	1	5	13	8	4	0
	占比（%）	3.23	16.13	41.9	25.8	12.9	0
2006—2015年	站点数	0	5	11	11	4	0
	占比（%）	0	16.13	35.48	35.48	12.9	0

（续表）

等级		早熟区		中熟区		晚熟区	
		Ⅰ	Ⅱ	Ⅰ	Ⅱ	Ⅰ	Ⅱ
		$\bar{\sum}T_{5\text{-}9}\leqslant 83$	$83<\bar{\sum}T_{5\text{-}9}\leqslant 88$	$88<\bar{\sum}T_{5\text{-}9}\leqslant 93$	$93<\bar{\sum}T_{5\text{-}9}\leqslant 98$	$98<\bar{\sum}T_{5\text{-}9}\leqslant 103$	$\bar{\sum}T_{5\text{-}9}>103$
1986—2015年	站点数	1	5	17	7	1	0
	占比（%）	3.23	16.13	54.84	22.58	3.23	0

表6-6　黑龙江省位于各水稻种植区的站点数（1986—2015年）

Tab. 6-6　The number of station locating in every rice planting region in Heilongjiang Province（1986—2015）

$\Delta\bar{\sum}T_{5\text{-}9}$值		$\Delta\bar{\sum}T_{5\text{-}9}\leqslant 0$	$0<\Delta\bar{\sum}T_{5\text{-}9}\leqslant 2.5$	$2.5<\Delta\bar{\sum}T_{5\text{-}9}\leqslant 5$	$\Delta\bar{\sum}T_{5\text{-}9}>5$
$\bar{\sum}T_{5\text{-}9}(t_2)-\bar{\sum}T_{5\text{-}9}(t_1)$	站点数	0	4	24	3
	占比（%）	0	12.9	77.4	9.7
$\bar{\sum}T_{5\text{-}9}(t_3)-\bar{\sum}T_{5\text{-}9}(t_2)$	站点数	7	23	1	0
	占比（%）	22.6	74.2	3.2	0
$\bar{\sum}T_{5\text{-}9}(t_3)-\bar{\sum}T_{5\text{-}9}(t_1)$	站点数	0	1	25	5
	占比（%）	0	3.23	80.65	16.12

6.4.5　水稻延迟型冷害时空分布研究

6.4.5.1　水稻延迟型冷害时间分布特征

依据《北方水稻低温冷害等级》（GB/T 34967—2017），黑龙江省1986—2015年每年水稻延迟冷害发生的站点占所研究站点的比例如图6-18所示。由图6-18可知，黑龙江省自1986—2015年，这期间1986—1995年冷害发生的范围较广，70%以上的站点都发生过水稻延迟性冷害，且发生严重

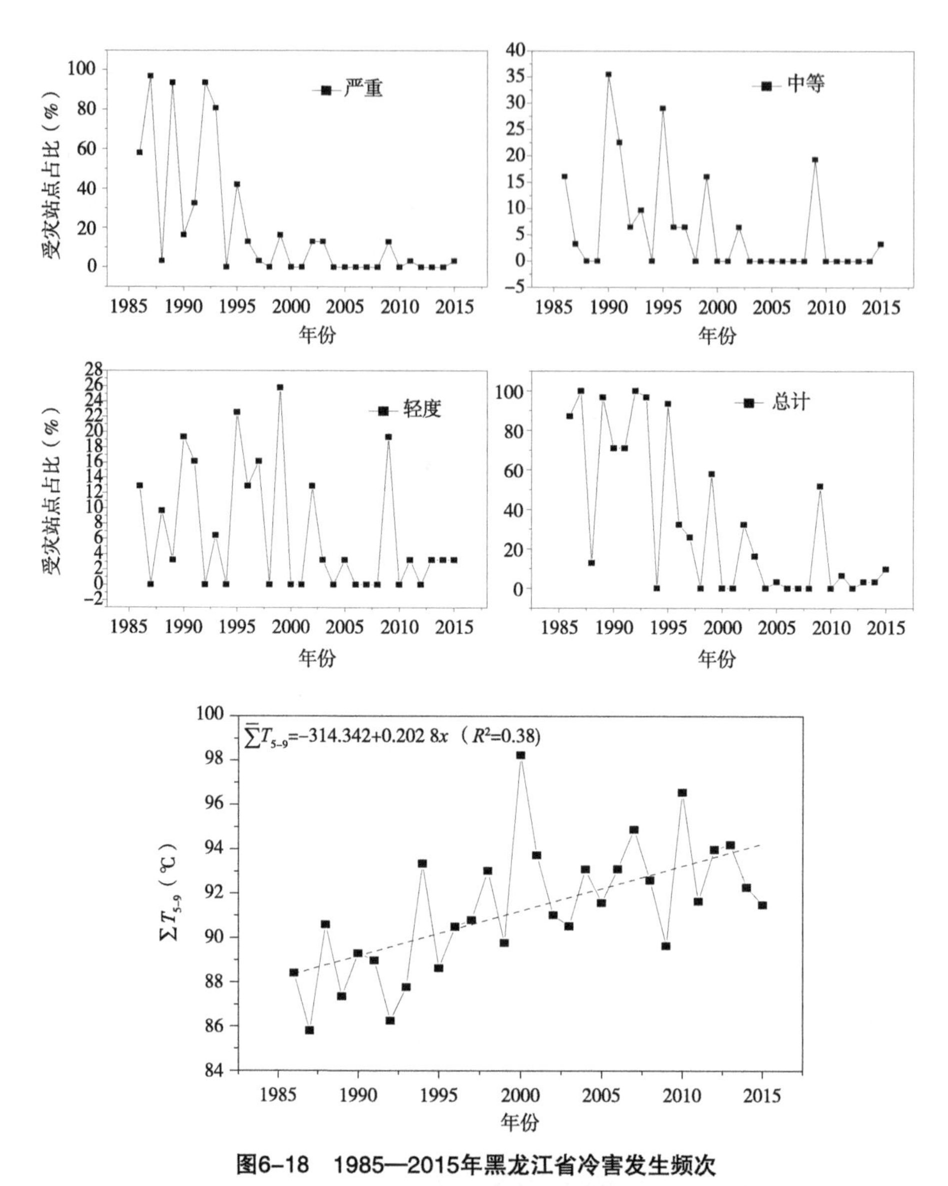

图6–18　1985—2015年黑龙江省冷害发生频次

Fig. 6–18　The frequency of chilling disasters in Heilongjiang Province from 1986 to 2015

和中等延迟性冷害的站点居多。自1995年之后，只有1999年、2002年、2003年、2009年、2011年和2015年发生过严重冷害，发生严重冷害的站点数占总研究站点数的比重小于20%，其他年份则无站点发生重度延迟性冷害，主要是1986—2012年间$\overline{\sum}T_{5-9}$增加导致的。2012年之后，由于

$\bar{\Sigma}T_{5-9}$降低，所以水稻延迟性冷害发生站点的数量有增加的趋势。经拟合，$\bar{\Sigma}T_{5-9}$与发生严重（s）、中度（m）和轻度（l）延迟冷害的站点个数的关系符合公式$\bar{\Sigma}T_{5-9}=-0.230\ 5s+0.075\ 12m-0.516\ 79l+93.629\ 67$ ($R^2=0.758$)。该公式经过ANOVA分析，$F_{value}=31.22$，$Prob>F=8.699\times10^{-9}$，通过了99%置信检验。该公式可以表达1986—2015年$\bar{\Sigma}T_{5-9}$与发生严重、中度和轻度延迟冷害的站点个数之间的关系。

6.4.5.2 水稻冷害的空间分布特征

表6-7为每个站点1986—2015年发生的冷害频率。从表6-7可以看出，黑龙江省86%的站点的冷害发生频率高于30%，冷害发生频率高于40%的站点主要位于黑龙江省西北部和东北部。每个地区冷害发生频率的分布与重度灾害发生频率的分布规律基本一致。水稻种植时间较长的几个县、市如绥化庆安、佳木斯汤原、大庆肇源、双鸭山宝清、牡丹江宁安、穆棱和鸡西虎林等大部分地区都位于重度冷害发生频率较低的地区。

表6-7 黑龙江省总冷害发生频率和重度冷害发生频率

Tab. 6-7 Total frequency and serious chilling disasters in Heilongjiang Province from 1986 to 2015

站名	重度发生频率（%）	总发生频率（%）	站名	重度发生频率（%）	总发生频率（%）
大兴安岭呼玛	23.33	40.00	佳木斯汤原	26.67	40.00
黑河黑河	30.00	36.67	佳木斯佳木斯	13.33	36.67
黑河嫩江	26.67	40.00	双鸭山集贤	13.33	33.33
黑河德都	26.67	33.33	双鸭山宝清	23.33	30.00
齐齐哈尔克山	23.33	33.33	双鸭山饶河	26.67	40.00
伊春嘉荫	20.00	36.67	哈尔滨哈尔滨	30.00	33.33
齐齐哈尔龙江	23.33	30.00	大庆肇源	10.00	26.67
齐齐哈尔富裕	20.00	30.00	哈尔滨双城	13.33	30.00
齐齐哈尔拜泉	20.00	36.67	哈尔滨方正	20.00	33.33

（续表）

站名	重度发生频率（%）	总发生频率（%）	站名	重度发生频率（%）	总发生频率（%）
绥化海伦	16.67	30.00	哈尔滨尚志	26.67	33.33
佳木斯富锦	10.00	20.00	七台河勃利	23.33	36.67
齐齐哈尔泰来	10.00	23.33	鸡西虎林	20.00	26.67
绥化青冈	20.00	36.67	哈尔滨五常	16.67	26.67
绥化安达	13.33	30.00	牡丹江穆棱	16.67	30.00
绥化庆安	23.33	33.33	牡丹江宁安	16.67	23.33
哈尔滨巴彦	16.67	30.00			

6.4.6 结论

统计分析了黑龙江省31个站点的5—9月温度数据，依据《北方水稻低温冷害等级》（GB/T 34967—2017）的标准，对黑龙江省的水稻当前种植区分布、时间变化及水稻延迟冷害的时空变化规律进行了研究，研究结果如下。

（1）黑龙江省1986—2015年的5—9月累计温度有两个变化趋势：在松嫩平原地区，从泰来、肇源和双城开始，随着纬度的升高而降低；而在三江平原上，以集贤为中心逐渐向四周降低。按照《北方水稻低温冷害等级》（GB/T 34967—2017）的划分标准，黑龙江省约有1/2的区域位于水稻早熟区。如除去呼玛以北的地区，黑龙江省约有1/3的地区处于水稻早熟区，2/3位于中熟区。

（2）在全球变暖的大背景下，黑龙江省的水稻种植区发生了北移，但因黑龙江省将进入降温阶段，所以水稻种植区会南移，因此，可以退1/4或半个种植区选择或调整现在的水稻种植品种。

（3）黑龙江省1986—2015年，这期间1986—1995年冷害发生的范围较广，70%以上的站点都发生过水稻延迟性冷害，且发生严重和中等延迟性冷害的站点居多。其他年份只有个别站点发生严重延迟冷害。

（4）黑龙江省86%站点的冷害发生频率高于30%，冷害发生频率高于40%的站点主要位于黑龙江省西北部和东北部。

6.5 玉米延迟冷害的变化特征

玉米是黑龙江省的主要粮食作物之一，该省玉米生产的季节性较强，为一年一作，旱地垄作。黑龙江省地广人稀，大部分耕地地势平坦，非常适合大机械作业，素有东北大粮仓之美誉。近年来，黑龙江省的玉米种植面积增长迅速，2007年达到348.1万hm²，成为全国玉米种植面积第1个超过333.3万hm²的省份，2009年达到460万hm²，2010年达到520万hm²，总产达到2 324.5万t，2011年达590.4万hm²，2012年达663.3万hm²，2013年玉米种植面积突破666.6万hm²，2014年玉米种植面积733万hm²，2015年玉米种植面积689.4万hm²，总产量达4 111.2万t，占全国玉米种植面积的20%以上。

黑龙江省玉米传统生产区集中在黑龙江省第一、第二积温带，其积温在2 500℃以上，黑龙江省第三积温带（2 300～2 500℃）是玉米、大豆交错区，第四积温带（2 100～2 300℃）基本不种植玉米。黑龙江省玉米主产区可以划分为三大生态类型，分别为松嫩平原中南部、松嫩平原西部、三江平原及东部半山区，其中松嫩平原中南部主要是哈尔滨市大部、绥化市中南部，该区域是黑龙江省玉米高产、稳产地区；松嫩平原西部主要是齐齐哈尔大部、大庆市、绥化市西部，该区域常年受水资源不足的困扰，易发生干旱；三江平原及东部半山区主要是佳木斯、鸡西、鹤岗、牡丹江等地，雨量较充沛，但热量资源有限。哈尔滨、绥化和齐齐哈尔地区的玉米种植面积约占全省的2/3，其中，双城、呼兰、五常、巴彦、肇东、北林、青冈、拜泉、桦南、宾县、海伦、依兰等地是黑龙江省传统的玉米种植区。

黑龙江省玉米品种呈多元化态势。2002年，全省种植面积100万亩以上的玉米品种有8个，分别为龙单13、四单19、本育9、吉单180、东农248、海玉6、绥玉7、克单8，其中龙单13的种植面积达到了773万亩，四单19的种植面积为692万亩，两个品种的种植面积占全省玉米总种植面积的42%。2015年，黑龙江省“百万亩”以上玉米品种15个，种植面积297.7万hm²，占全省比重43.2%。其中，德美亚1号、先玉335、绥玉23、鑫鑫1号、德美亚3号的种植面积分别为69.7万hm²、32.9万hm²、32.7万hm²、28.6万hm²、22.2万hm²。

由于黑龙江省地处高纬度，无霜期短，冷害较多，所以本研究依据现行的标准《北方春玉米冷害评估技术规范》（QX/T 167—2012）中规定的方法和指标评估1986—2015年黑龙江省31个站点的玉米冷害强度、范围和程度的时空变化规律，为黑龙江省春玉米种植冷害的减防提供支持。

6.5.1 黑龙江省春玉米延迟冷害影响范围

图6-19为黑龙江省1986—2015年春玉米冷害影响范围（发生某级别冷害站点个数与总站点数的百分比）的变化。由图6-19可以看出，黑龙江省春玉米在1986—1996年大范围遭受了冷害，1999年、2002年和2009年发生了区域性的冷害。1987年、1989年、1992年和1993年，黑龙江省春玉米发生了大范围的严重冷害，自1994年之后，再无大范围的严重冷害发生；1986年、1990年、1993年和1995年，黑龙江省春玉米发生了区域性的中度冷害，自1986—2015年近30年间中度冷害从无大范围发生过；轻度冷害的发生范围也是区域性的，在近30年间频繁发生，而中度和重度冷害在1986—1996年集中出现。

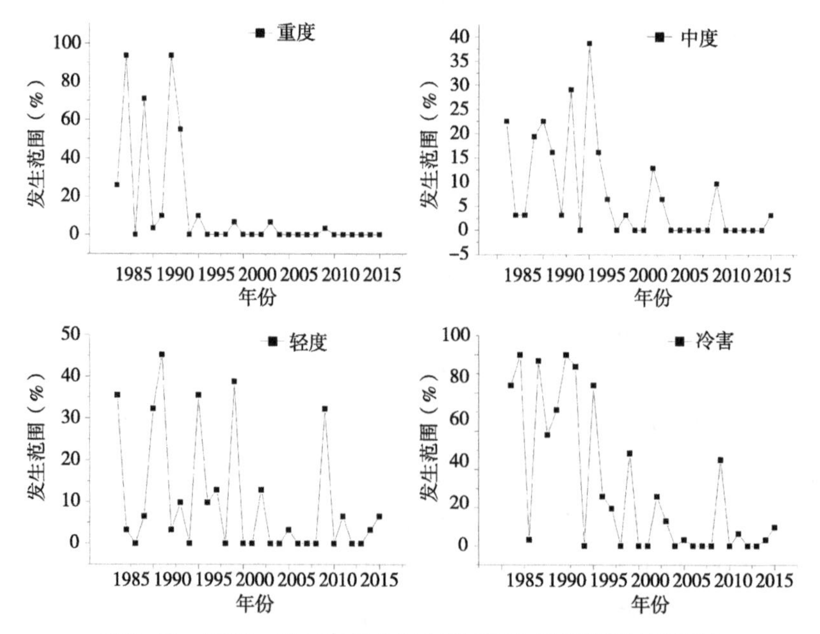

图6-19　1986—2015年黑龙江省春玉米冷害影响范围的变化

Fig. 6-19　The influence range of chilling injury on spring maize in Heilongjiang Province from 1986 to 2015

从表6-8中可以看出，黑龙江省的监测点大都落在$80<\overline{T}\leqslant 100$范围内，站点个数基本呈正态分布，位于$80<\overline{T}\leqslant 85$、$85<\overline{T}\leqslant 90$、$90<\overline{T}\leqslant 95$和$95<\overline{T}\leqslant 100$的站点个数分别为2个、10个、12个和7个，平均每个站点发生的春玉米冷害的次数分别为10.5次、9.7次、8.3次和11次，其中重度的次数分别为7.5次、4.1次、3.2次和3.3次，中度的依次为1.5次、2.7次、1.9次和2次，轻度的依次为1.5次、2.9次、3.3次和2.6次。因此，在黑龙江省，春玉米遭受严重冷害的可能性较大，且$\overline{T}$越小的站点，越易发生重度冷害。因此，预防重度冷害的发生对保证玉米的产量具有重要的意义。

表6-8 1986—2015年黑龙江省春玉米站点$\overline{T}$及冷害发生次数

Tab. 6-8 $\overline{T}$ value and chilling injury frequency of spring maize of every station and in Heilongjiang Province from 1986 to 2015

等级		5—9月逐月平均气温值和的多年平均值$\overline{T}$					
		$\overline{T}\leqslant 80$	$80<\overline{T}\leqslant 85$	$85<\overline{T}\leqslant 90$	$90<\overline{T}\leqslant 95$	$95<\overline{T}\leqslant 100$	$100<\overline{T}\leqslant 105$
站点		无	大兴安岭呼玛、黑河	嫩江、德都、嘉荫、饶河、穆棱、海伦、虎林、拜泉、汤原、克山	尚志、宁安、富锦、庆安、方正、巴彦、佳木斯、青冈、宝清、富裕、勃利、集贤	五常、龙江、安达、双城、哈尔滨、肇源、泰来	
发生次数	轻度	0	3	29	39	18	0
	中度	0	3	27	23	14	0
	重度	0	15	41	38	23	0

从表6-9可以看出，各站点的增温是比较明显的。1986—1995年，大兴安岭呼玛站点5—9月的温度和小于80℃，而1996—2015年，该站点进入$80<\overline{T}\leqslant 85$；嫩江、德都、嘉荫和黑河在头10年是属于$80<\overline{T}\leqslant 85$组的，在其后的10年除黑河所述登记不变外，嫩江、德都和嘉荫均进入$85<\overline{T}\leqslant 90$，而在1986—1995年处于$85<\overline{T}\leqslant 90$组别的站点除了饶河和虎林外，均升入$90<\overline{T}\leqslant 95$，原属于该级别的五常、龙江、安达、双城和哈尔滨进入$95<\overline{T}\leqslant 100$，泰来进入$100<\overline{T}\leqslant 105$，在

2006—2015年这10年，$80<\bar{T}\leq 85$的黑河站点进入$85<\bar{T}\leq 90$，处于$85<\bar{T}\leq 90$的虎林站点进入$90<\bar{T}\leq 95$，而在$90<\bar{T}\leq 95$等级的宝清和集贤进入$95<\bar{T}\leq 100$，处于$100<\bar{T}\leq 105$的泰来则退回$95<\bar{T}\leq 100$。属于$90<\bar{T}\leq 95$的站点由1986—1995年的9个增加到近10年（2006—2015年）的16个，属于$85<\bar{T}\leq 90$的站点由15个降为近10年的5个。因此，需要根据实际情况，调整种植品种和种植技术。

表6-9　1986—2015年黑龙江省春玉米站点$\bar{T}$的变化

Tab. 6-9　$\bar{T}$ value and chilling injury frequency of spring maize of every station and in Heilongjiang Province from 1986 to 2015

	5—9月逐月平均气温值和的多年平均值$\bar{T}$					
	$\bar{T}\leq 80$	$80<\bar{T}\leq 85$	$85<\bar{T}\leq 90$	$90<\bar{T}\leq 95$	$95<\bar{T}\leq 100$	$100<\bar{T}\leq 105$
1986—1995年	呼玛	黑河、嫩江、德都、嘉荫	饶河、穆棱、海伦、克山、尚志、拜泉、汤原、虎林、宁安、方正、庆安、巴彦、青冈、富裕、宝清	勃利、佳木斯、富锦、龙江、五常、集贤、哈尔滨、安达、双城	肇源、泰来	—
1996—2005年	—	呼玛、黑河	嫩江、德都、嘉荫饶河、虎林	克山、富锦、尚志、宁安、庆安、方正、巴彦、宝清、佳木斯、勃利、富裕、青冈、集贤	五常、龙江、安达、双城、哈尔滨、肇源	泰来
2006—2015年	—	呼玛	德都、黑河、嫩江、嘉荫、饶河	海伦、穆棱、拜泉、虎林、克山、富锦、汤原、宁安、尚志、巴彦、青冈、佳木斯、庆安、方正、富裕、勃利	宝清、五常、集贤、龙江、安达、双城、肇源、泰来、哈尔滨	—

6.5.2 黑龙江省春玉米产量与延迟冷害的相关性

对1986—2015年的玉米单产量与重度（x_1）、中度（x_2）和轻度（x_3）冷害的次数进行多元线性回归得到公式如下：$Y=335.66-2.204x_1+0.407x_2-1.964x_3$（$R^2=0.164$），该公式通过了99%的检验。由该公示可以看出，重度冷害对玉米产量的影响较大，但是由于玉米产量还受病虫害、降雨等的影响，因此该公式的R^2值不高。

利用SPSS软件对春玉米产量与冷害进行相关性研究发现，北方春玉米的产量与重度冷害、中度冷害和轻度冷害均为负相关，且与重度冷害发生次数是显著负相关的，通过了95%的置信验证，见表6-10。

表6-10　1986—2015年黑龙江省春玉米产量与冷害的相关性

Tab. 6-10　Correlation between yield and chilling injury of spring maize in Heilongjiang Province from 1986 to 2015

	玉米产量（kg/hm^2）	重度冷害	中毒冷害	轻度冷害
玉米产量（kg/hm^2）	1			
重度冷害	−0.371 7*	1		
中度冷害	−0.186 3	0.2596	1	
轻度冷害	−0.158 7	0.001 1	0.652 2**	1

注：*表示在0.05水平达到显著，**表示在0.01水平达到显著。

6.5.3 黑龙江省春玉米延迟冷害的空间变化特征

由于重度冷害对春玉米产量的影响比较显著，因此通过每个站点发生重度冷害的概率可知北方春玉米冷害的空间变化特征，见表6-11。由表6-11可知，31个站点中，97%的站点都发生过重度冷害，25.8%的站点发生重度冷害的概率大于15%，发生概率大于20%的站点只有3个，19.4%的站点重度冷害的发生概率小于10%。因此71%的站点发生重度冷害的概率在10%～20%。春玉米冷害发生概率大于20%的站点均位于黑龙江省的西北部，其5—9月的温度值和小于86℃；在丘陵和山区，如勃利、尚志、虎林、穆棱等地，由于局地气候的影响，冷害的发生概率也比较高，春玉米冷害的发生概率达到了16.67%；在平原地区，冷害的发生概率由北向南减小，如位于克山（N48°05′）严重冷害的发生概率是13.33%，安达（N46°38′）的则为10%，而肇源（N45°50′）则为6.67%。简而言之，春玉米冷害的发生率与5—9月的温度和变化是一致的，分别以泰来和集贤为中心向四周减小。

表6-11　1986—2015年黑龙江省各站点春玉米冷害发生概率

Tab. 6-11　Chilling injury occurrence probability of spring maize at different stations in Heilongjiang Province from 1986 to 2015

站名	发生概率（%）			站名	发生概率（%）			站名	发生概率（%）		
	重	中	轻		重	中	轻		重	中	轻
呼玛	20	6.67	6.67	泰来	10	6.67	10	肇源	6.67	3.33	13.33
黑河	30	3.33	3.33	青冈	10	6.67	16.67	双城	10	3.33	13.33
嫩江	20	6.67	13.33	安达	10	3.33	10	方正	13.33	6.67	3.33
德都	13.33	10	6.67	庆安	6.67	6.67	20	尚志	16.67	3.33	6.67
克山	13.33	10	10	巴彦	10	3.33	10	勃利	16.67	6.67	6.67
嘉荫	10	6.67	10	汤原	13.33	13.33	10	虎林	16.67	6.67	0
龙江	13.33	10	6.67	佳木斯	6.67	6.67	16.67	五常	10	6.67	6.67
富裕	13.33	6.67	10	集贤	6.67	10	16.67	穆棱	16.67	6.67	6.67
拜泉	13.33	10	13.33	宝清	13.33	10	6.67	宁安	13.33	3.33	3.33
海伦	13.33	6.67	10	饶河	6.67	13.33	16.67				
富锦	0	6.67	13.33	哈尔滨	16.67	13.33	0				

6.5.4　结论

按照现行的行业标准《北方春玉米冷害评估技术规范》（QX/T 167—2012）研究了黑龙江省春玉米在1986—2015年冷害发生的强度和范围，结果如下。

（1）黑龙江省春玉米冷害主要发生在1986—1996年，其后由于受全球气候变暖的影响，冷害发生频率和范围大幅度降低，冷害只是影响玉米产量的一个因素，玉米的产量主要受严重冷害的影响，二者是显著负相关的，且通过了95%的置信验证。

（2）受全球气候变暖的影响，各站点的$T_{5\text{-}9}$值均有不同程度的增加，表明玉米种植带明显发生了北移，因此需要根据温度的变化，适时调整种植的品种、种植以及植保技术，争取效益最大化。

（3）春玉米冷害的发生概率是与$T_{5\text{-}9}$的空间分布是一致的，均以西南和佳木斯为中心向四周减小。发生概率除受纬度的影响外，还受海拔和局地地形地貌的影响。高纬度和山区的冷害发生概率较大，而低纬度和平原地区冷害的发生概率较低。因此要根据当地具体情况采取适当的防治措施，减少冷害引起的玉米减产。

6.6 利用灰色预测模型预测黑龙江省主要农业气象灾害

农业在人类生存和社会发展中起着举足轻重的作用。农作物的生长离不开水、阳光等气象条件。近年来，在全球变暖大背景下，农业气象灾害时有发生。许多研究者竭力研究农业气象灾害的时间和空间特征，构建相应的预测模型，对农业气象灾害进行预测，以便提前采取防范和减灾措施，降低农业气象灾害的危害。目前，农业气象灾害常用的预测方法有灰色评估法、决策树法、作物生长动力学模型等。鉴于农业气象灾害发生具有突发性、随机性、离散性的特点，常采用灰色评估法。黑龙江省是我国重要的农业大省，农业气象灾害对其影响较大。例如2012年6月，全省因洪涝、风雹灾害造成53.8万hm^2农作物受灾，14.97万hm^2绝收。因此，本研究采用灰色评估预测法对黑龙江省的气象灾害进行预测，为黑龙江省的农业减灾提供理论支持。

6.6.1 结果与分析

由表6-12可知，农业洪涝和干旱灾害可以根据受灾率的大小划分为一般灾害、严重灾害和特大灾害。根据1980—2015年黑龙江省农业气象灾害数据，按照农业洪涝和干旱灾害的等级划分标准得到相应灾害发生的年份。

表6-12　农业干旱、洪涝灾害的等级划分标准

Tab. 6-12　The classification of agrometeorological flood and drought disasters

农业气象灾害种类	洪涝			干旱		
等级	一般	严重	特大	一般	严重	特大
受灾率（%）	5～10	10～20	>20	10～20	20～50	>50

根据黑龙江省1980—2015年农业洪涝和干旱灾害受灾率数据，按照等级标准，以大于等于严重级别时的受灾率为基准，建立原始时间序列，并以此进行计算，以洪涝灾害为例预测农业洪涝灾害级别大于严重的年份。根据表6-13，得到农业洪涝灾害受灾率大于10%的年份分别为1981年、1983年、1984年、1985年、1986年、1987年、1988年、1991年、1994年、1998年、2003年、2005年、2009年、2013年，以1980年为时间起点，则原始时间序列为：

$X^0(k)=(2\ 4\ 5\ 6\ 7\ \cdots\ 34)$

将$X^0(k)$依次累加得到：

$X^1(k)=(2\ 6\ 11\ 17\ 24\ \cdots\ 201)$

令$Z^1(k)=\dfrac{\left[X^1(k)+X^1(k-1)\right]}{2}$，则有：

$Z^1(k)=(4\ 8.5\ 14\ 20.5\ 28\ \cdots\ 184)$

$$B=\begin{Bmatrix}-Z^1(2)\ 1\\ -Z^1(3)\ 1\\ -Z^1(4)\ 1\\ \cdots\\ -Z^1(14)\ 1\end{Bmatrix},\quad Y=\begin{Bmatrix}X^0(2)\\ X^0(3)\\ X^0(4)\\ \cdots\\ X^0(14)\end{Bmatrix}$$

则

$\hat{a}=\left(BB^T\right)^{-1}B^TY=\begin{pmatrix}a\\ b\end{pmatrix}=\begin{pmatrix}-0.175\ 2\\ 3.776\ 4\end{pmatrix}$，则模型和响应式分别为：

$$\frac{\mathrm{d}x^1}{\mathrm{d}t}-0.1752x^1=3.776\ 4$$

和

$$\hat{x}^{(1)}(k+1)=\left[x^{0}(1)-\frac{b}{a}\right]e^{-ak}+\frac{b}{a}=23.555e^{0.175\ 2k}-21.555$$

$$\hat{x}^{(1)}(k+1)=3.786e^{0.175\ 2k}$$

X^1模拟值为：

X^1=（k）=（2 6.5 12 18 26 ··· 207），还原取整数得到X^0：

X^0=（k）=（2 4 5 6 7 ··· 36）

分别对该模型进行残差检验、关联系数和后差检验，利用该模型得到的相对误差最小值为0，最大值为12.5%，均小于20%，平均相对误差为3.37%，平均相对精度为96.6%，而其关联系数为0.826，小误差概率等于1（>0.6），因此该预测模型的精度达到了四级，可利用该模型进行计算。利用该模型计算得到2015年以后发生严重涝灾或特大涝灾的年份距1980年时隔43年，即2022年。

表6-13 1980—2015年黑龙江省洪涝和干旱灾害发生情况

Tab. 6-13 Flood and drought disasters in Heilongjiang Province from 1980 to 2015

农业气象灾害种类	洪涝		干旱	
灾害等级	严重	特大	严重	特大
农业受灾率（%）	10～20	>20	20～50	>50
发生年份/年	1983，1984，1986，1987，2003，2005，2009	1981，1985，1988，1991，1994，1998，2013	1980，1982，1989，1993，1995，1996，1997，2000，2001，2003，2004，2009	2007
合计年数	7	7	12	1

同理，据表6-13可知，在1980—2015年，发生严重干旱级别和级别以上的年份有：1980年，1982年，1989年，1993年，1995年，1996年，1997年，2000年，2001年，2003年，2004年，2007年，2009年。经光滑型和指数型检验，可知从1995年以后，旱灾灾害率在20%以上的年份符合G（1，1）灰色模型。以1980年为时间起点，从1995年开始建模可得到：

$$\alpha = (BB^T)^{-1}B^TY = \begin{pmatrix} -0.079\ 9 \\ 15.231\ 7 \end{pmatrix}$$

$$\hat{x}^{(1)}(k+1) = \left[x^0(1) - \frac{b}{a}\right]e^{-ak} + \frac{b}{a} = 206.395e^{0.0799k} - 190.395$$

$$\hat{x}^{(0)}(k+1) = 15.849e^{0.0799k}$$

分别对该模型进行残差检验、关联系数和后差检验，利用该模型得到的相对误差最小值为0，最大值为4.8%，平均误差为1.9%，平均精度为98.1%，关联系数为0.73，小误差概率等于1（>0.6）。因此，可用该模型对旱灾受灾率进行预测，得到2017年以后发生严重干旱的年份距1980年时隔41年，在2020年易发生旱灾，需提前进行预防和减灾工作。

6.6.2 结论与讨论

利用G（1，1）累加预测模型对黑龙江省的农业洪涝和干旱气象灾害进行了预测，得到以下结论。

（1）1980—2015年，黑龙江省洪涝灾害发生级别高于严重等级的年份符合G（1，1）累加模型，$\hat{x}^{(1)}(k+1) = 3.786e^{0.1752k}$，该模型精度达到了四级，可以利用该模型对黑龙江省2015年之后出现的严重级别以上洪涝灾害的年份进行预测。预测得到严重洪涝灾害出现的年份为2022年。

（2）1980—2015年，黑龙江省干旱灾害发生级别高于严重等级的年份符合G（1，1）累加模型，$\hat{x}^{(0)}(k+1) = 15.849e^{0.079\ 9k}$，该模型精度达到了二级，可以利用该模型对黑龙江省2015年之后出现严重级别以上程度干旱灾害的年份进行预测。预测得到严重干旱灾害出现的年份为2020年。气象灾害具有随机性和不确定性，因此不应放松对洪涝、干旱灾害的防范，还需要加强水利设施的建设，改进浇灌技术，加强植树造林，改善局部小气候等，做到有灾减灾，无灾预防。

气候变化对病虫害的影响

本章主要研究的是气候变化对黑龙江省玉米、水稻和大豆病虫害发生的影响，具体研究了黑龙江省总病虫害随气象因子的变化情况及其相关性。采用Origin 8.0、SPSS 19.0和Excel 2007等软件，利用趋势变率、距平分析、相关性分析、标准化处理等方法，对数据进行统计和分析，继而进行了全生育期气候因子与病虫害发生的相关性分析。

7.1 气候变化对黑龙江省病虫害发生的影响

7.1.1 黑龙江省农作物病虫害年际变化规律

由图7-1可知，黑龙江省农作物病虫害发生频次与农作物受害面积都呈上升的趋势，农作物种植面积的年际变化符合公式y=16.702x-324 08.635（R^2=0.878），该公式经过ANOVA分析，F_{value}=209.426，$Prob>F$=1.598 72×10^{-14}，该公式的精确度较好，可以利用该公式对未来的种植面积进行预估。而农作物病虫害发生面积的年际变化符合公式y=47.205x-93 416.980（R^2=0.786），该公式经过ANOVA分析，F_{value}=107.565 51，$Prob>F$=4.277×10^{-11}，因此可以利用该公式对未来农作物病虫害的发生面积进行预估。由上述公式可知农作物的面积增长速率为16.702万hm^2/年，病虫害面积的增长速率为47.205万hm^2/年，病虫害增长速率较快可能是由于种植方式如连年耕作、密植、种植品种、气候变化等原因引起的。

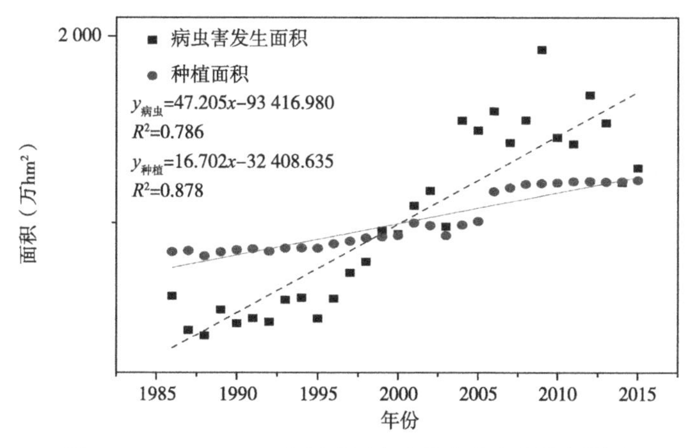

图7-1 1986—2015年黑龙江省农作物病虫害发生面积

Fig. 7-1 Crop areas affected by pests and diseases in Heilongjiang Province from 1986 to 2015

7.1.2 农作物病虫害年际变化规律研究

对1986—2015年的农作物种植面积与病虫害发生面积进行线性拟合分析与ANOVA分析（图7-2），病虫害发生面积与种植面积符合公式y=2.663x-1 656.938（R^2=0.791），F_{value}=110.855，$Prob>F=3.05\times10^{-11}$，所以二者关系非常密切。为了避免因为种植面积对病虫害发生情况的影响，本部分采用病虫害发病率（I），即发生面积与种植面积的比值来研究病虫害发生的年际变化规律，如图7-3所示。由图7-3可知，黑龙江省1986—2015年，I值的年际呈先增后减的变化趋势，符合公式y=0.031 26x-61.557 5（R^2=0.648 19），经过ANOVA分析，得到F_{value}=54.43，$Prob>F=4.92\times10^{-8}$，即该公式的准确度良好，可以描述出I值的年际变化趋势，即I值以31.26%/10年的速率增长，增长速率的高峰出现在2003—2010年，然后由于病虫害防治力度的加大、新品种的选育以及配套种植技术的研发等使病虫害发病率呈现下降的趋势。

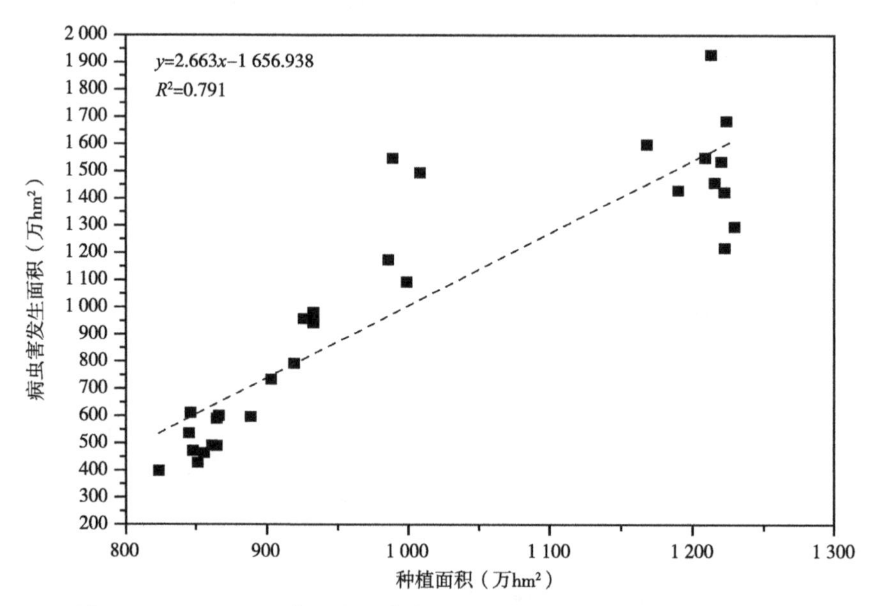

图7-2　1986—2015年黑龙江省农作物病虫害发生面积与种植面积关系

Fig. 7-2　The relationship between crop plant area and area affected by insects and diseases in Heilongjiang Province from 1986 to 2015

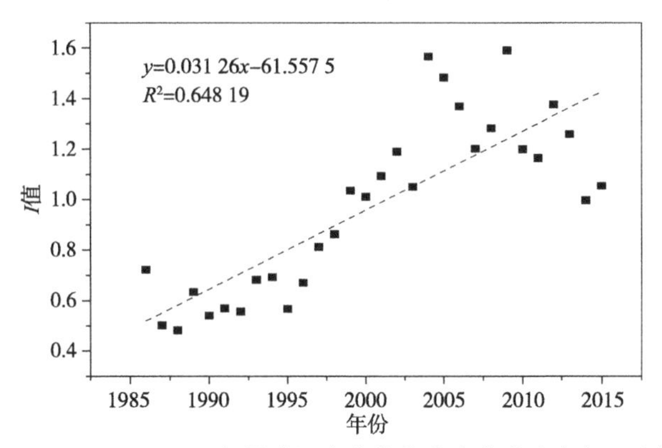

图7-3 1986—2015年黑龙江省农作物病虫害发病率年际变化

Fig. 7-3 Annual occurrence rate of crop diseases and pests in Heilongjiang from 1986 to 2015

7.1.3 农作物病虫害发病率小波分析

对病虫害发病率*I*值进行小波分析，得到*I*值小波系数变化如图7-4所示。由图7-4可发现*I*值在1986—2015年的周期性变化并不明显。但随着时间周期的增长，*I*变化的规律性也逐渐增长，因此其时间变化周期要大于30年。*I*值的小波系数方差图（图7-5）也表明了*I*值在1986—2015年没有明显的变化周期，只有1个潜在的18年变化周期。该现象的发生主要是由于病虫害发生面积、严重程度及成灾范围受诸多因素影响，如温度、降水量、品种、预防技术等，影响因素过多，所以不如气象因子一样受地球运动及太阳黑子爆发周期的影响明显。

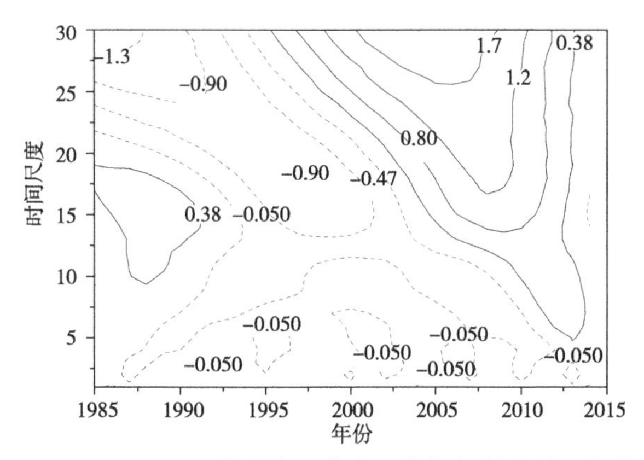

图7-4 1986—2015年黑龙江省农业病虫害*I*值小波系数变化

Fig. 7-4 Morlet coefficients of *I* value in Heilongjiang Province from 1986 to 2015

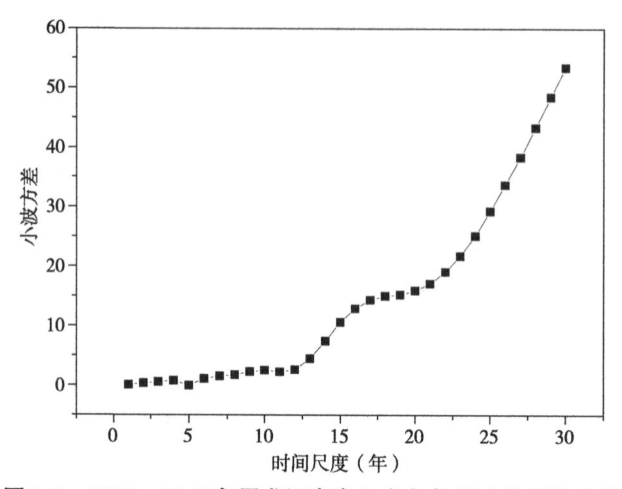

图7-5　1986—2015年黑龙江省农业病虫害I值小波系数方差

Fig. 7-5　I value Morlet coefficient variance in Heilongjiang Province from 1986 to 2015

7.1.4　气象因子对病虫害发病率的影响

1986—2015年黑龙江省气象因子的年平均和5—9月之和的时空变化规律见前面的章节。在此基础上研究了黑龙江省玉米、大豆和水稻3种粮食作物的病虫害发生情况。由图7-6可知，病虫害在年均温度2.7～4.3℃和生长期温度90～95℃范围内发病率比较高。低温不利于农作物病虫害的发生，当年平均温度低于2.7℃（生长期温度90℃）或高于4.3℃（生长期温度95℃）时，病虫害的发生受到抑制。当生长期内的积温高于89.6℃时，约有65%的年份病虫害面积/农作物面积比值大于1，也表明病虫害的发生概率较高且面积较大或为害程度较高。年平均温度与I符合关系式y=−0.034x+0.856（R^2=0.003 2）。而在生长期内的积温与I符合关系式y=0.066 9x−5.134（R^2=0.302 1），因此，I与农作物生长期内的温度关系更为密切。对该公式进行ANOVA分析，得到F_{value}=13.55，$Prob>F$=9.801×10^{-4}，即该公式的准确度良好。病虫害在适宜的温度才能暴发，有的病虫害耐高温，有的耐低温。温度对病原菌生长发育的影响，例如，稻叶瘟病原菌生长发育的温度要求在10～30℃，玉米顶腐病形成孢子的适宜温度为24～28℃，孢子发芽的温度在12～16℃比较合适。对于虫害来说，温度过高或过低主要影响虫卵的越冬、孵化以及羽化等生命过程。稻纵卷叶螟的适宜生长温度为23～29℃，稻蓟马耐低温，不耐高温，生长发育和繁殖的最适宜温度是15～25℃，其中以

18℃产卵最多。稻秆潜蝇同样具有较强的耐低温和抗寒冻能力。因而夏季高温对其影响较大，超过35℃会妨碍幼虫发育。

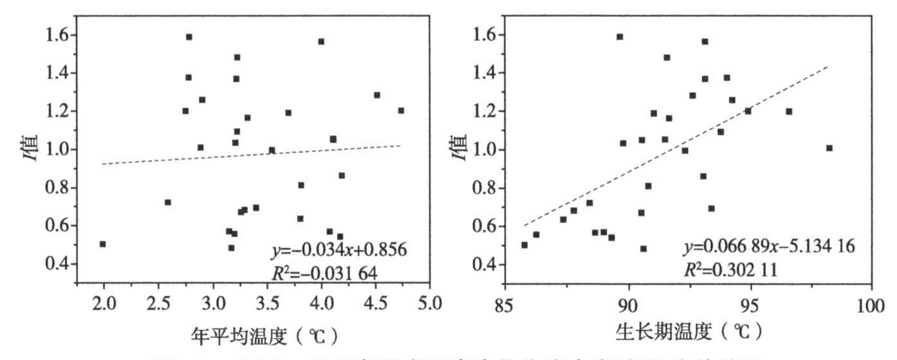

图7-6　1986—2015年黑龙江省农作物病虫害I与温度的关系

Fig. 7-6　The relationship between *I* of crop pests & diseases and temperature in Heilongjaing Province from 1986 to 2015

由于冬季的降水量和日照时数对病虫害的影响较小，所以本部分研究生长期期间的降水量和日照时数对病虫害的影响。由图7-7可知，在生长期内的降水量与病虫害发病率符合关系式y=−0.001 01x+1.413 36，（R^2=0.012 98），因此，病虫害的发生与降水量的关系不明显。在生长期内的日照时数与病虫害发病率符合关系式y=4.701 85×10^{-4}x+0.419 36（R^2=−0.023 23），因此，病虫害的发生与日照时数不是密切相关的，但在1 050～1 100h和1 180～1 250h范围内发生概率较高且面积较大，有可能在该日照条件下，能满足病虫害的热量资源要求。

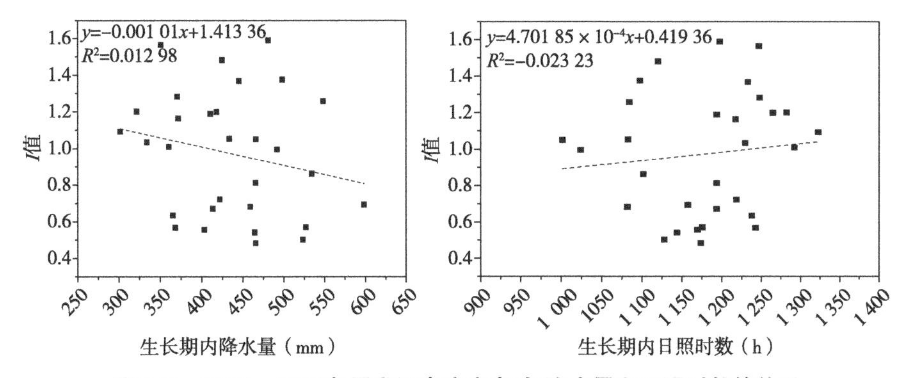

图7-7　1986—2015年黑龙江省病虫害I与降水量和日照时数的关系

Fig. 7-7　Relationship between *I* of crop pests & diseases and rainfall/sunshine hours in Heilongjiang Province from 1986 to 2015

7.1.5 气象因子与病虫害发病率的相关性研究

采用SPSS软件研究农作物病虫害与生长期间气象因子的相关性，研究结果见表7-1。由表7-1可知，农作物病虫害发病率的相关系数达到了0.419 9，且在0.05水平上显著负相关。病虫害的发生面积与降水量和日照时数是正相关的，相关程度降水大于日照时数，但均未在0.05水平上达到显著相关。

表7-1　*I*与气象因子的相关性

Tab. 7-1　Correlation between *I* and meteorological factors

	*I*值	生长期内温度和（℃）	生长期内降水量（mm）	生长期内日照时数（h）
*I*值	1			
生长期内温度和（℃）	-0.419 9*	1		
生长期内降水量（mm）	0.048 23	-0.003 695	1	
生长期内日照时数（h）	0.028 12	0.060 41	-0.722**	1

注：*表示在0.05水平达到显著，**表示在0.01水平达到显著。

7.2 气候变化对玉米病虫害的影响

黑龙江是我国农业大省，2015年主要农作物播种面积达1 479.5万hm^2，粮食年产量达6 324.0万t，其中玉米种植面积772.3万hm^2，年产量3 544.1万t，占黑龙江省粮食种植产量的50%左右，占全国玉米总产量的17%左右，可见玉米在黑龙江省乃至全国的农业生产中都占有举足轻重的地位。

过去近百年来温室效应造成全球地表平均气温升高了0.74℃，所引起的生态环境、灾害等问题已成为近年来研究的热点。气候条件的变化对农业的影响是多层次、多尺度、全方位的，也是农业病虫害发生的主要影响因子，增加了农业生产的不稳定性因素。我国东北地区是全国气温升高幅度最明显的地区之一，全球变暖造成了东北地区玉米中、晚熟品种界限不同程度的北移，改变了作物品种结构、生长发育及其种植制度等。研究表明，气候变化导致了黑龙江省玉米单产量的增高，但其生育期及灌浆期缩短，导致品质下降；在病虫害发生方面，气候变暖有利于害虫越冬、繁殖，拓宽了作物病原菌和害虫的适生区域。研究表明，气候变暖使得玉米黏虫的发生在原来的基础上增加1～2代；玉米生长期降雨增加、日照时长的减少将为农业害虫生长繁殖和病菌侵染提供良好的环境，会提高玉米病虫害暴发概率，导致玉米减产。研究发现，山东省1996年8月降水量的减少导致玉米蚜虫量突增，玉米灰色斑病的流行也与降水量增加有直接关系。

农业生产对气候变化的响应较为敏感，其病虫害的发生概率与气候因子的变化有着直接的关系，影响不容忽视。黑龙江省作为农业大省，其农业种植在应对气候变化方面的挑战也十分严峻。本部分基于黑龙江省近25年气象基站、植保观测站资料，通过统计和分析，研究了气候变化对玉米病虫害发生的影响，为黑龙江省玉米种植发展与结构调整及应对气候变化策略提供理论依据和数据支撑。

7.2.1 玉米种植生育期气象因子变化情况

本部分采用Origin 8.0、SPSS 19.0和Excel 2007等软件，利用趋势变率、距平分析、相关性分析、标准化处理等方法，对数据进行统计和分析。黑龙江省气温呈南高北低、东高西低的分布，因此，黑龙江省不同区域其气候因子的变化也有所差异。此外，黑龙江省玉米播种期多为4月末至5月初，同年9月末成熟，而玉米病虫害的发生频次和程度主要受全生育期的气候因子影响。所以，针对黑龙江省玉米生长发育特点，对玉米种植区域1990—2015年的4—9月气象因子变化情况进行分析，研究黑龙江省玉米全生育期气象因子变化规律。

黑龙江省玉米全生育期的平均日照时长波动性较大（图7-8a），但整体呈下降趋势，趋势变率为-21.7h/10年，其中2001年为平均日照峰值年，达1 557.15h，而日照时长最低值出现在2003年，为1 192.50h。20世纪90年代中期至2011年，仅2003年和2005年日照时长明显偏少，分别比常年同期偏少210.55h和149.29h，玉米全生育期日照时长比常年同期普遍增加。而2012—2015年，日照时长连续偏少，全生育期日照时长平均减少80h以上。

黑龙江省玉米全生育期平均降水量变化离散性较强（图7-8b），趋势变率为-10.8mm/10年，其中全生育期最低降水量为281.18mm，出现在2001

年，而峰值年出现在1994年，最高降水量达611.10mm。黑龙江省玉米全生育期降水量的变化主要分为3个阶段，20世纪90年代，玉米全生育期降水量相对较多；而进入21世纪，2000—2008年，降水量普遍减少，平均降水仅为400mm左右；2012—2015年，平均降水量则逐渐增多至480mm左右，其全生育期降水量基本可达到玉米中熟品种生育要求。

由图7-8c可知，玉米全生育期月平均积温呈周期波动上升趋势，周期为4～5年，积温增高速率为1.89℃/10年，其中玉米全生育期月平均积温最低值出现在1992年，为94.83℃，峰值年出现在1998年，最高月平均积温为105.94℃。玉米全生育期平均积温偏冷年份主要集中在20世纪90年代，而2000年之后，随着全球气候变暖，黑龙江省玉米全生育期平均气温也明显增高。

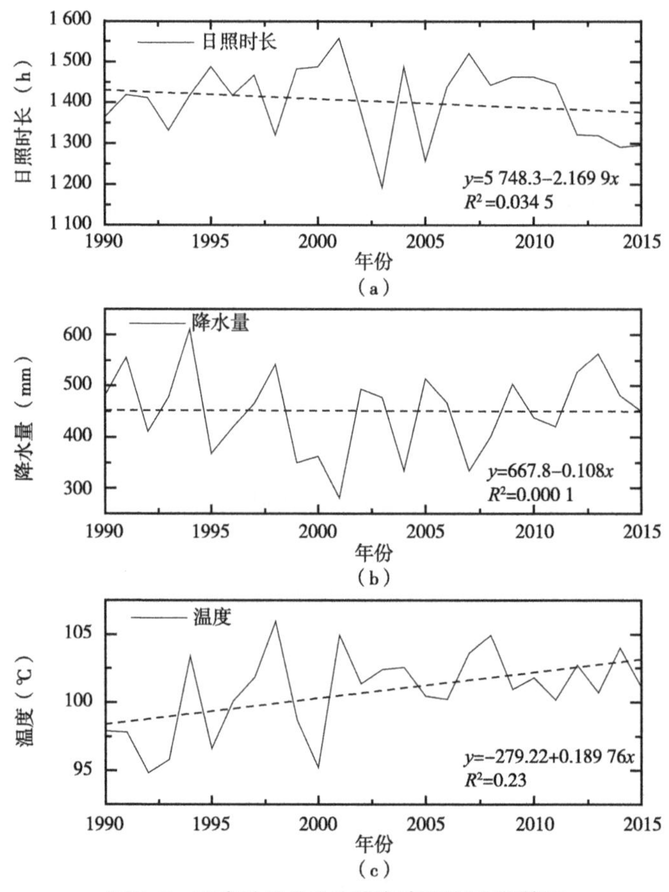

图7-8 玉米种植全生育期气象因子变化情况

Fig. 7-8 The changes of meteorological factors in maize growth period

7.2.2　玉米病害发生变化情况

如图7-9所示，黑龙江省玉米病害累积发生面积呈明显上升趋势，趋势速率达到101.21万hm²/10年。1990—2002年，玉米病害呈缓慢波动上升趋势，病害面积均在50万公顷次/年，占当年玉米总播种面积的20%以下；2003年，玉米病害发生面积上升趋势较为明显，病害面积已超过60万公顷次，其中2005年玉米病害发生面积达150.24万公顷次，占当年玉米总播种面积的55%，玉米病害已不容忽视。随着黑龙江省玉米种植面积的不断扩大，以及抑制丝黑穗病品种的强制性推广，黑龙江省玉米病害虽然仍呈波动式上升趋势，2013年玉米病害面积达最高的198.04万公顷次，但受害面积占总播种面积的百分比已回落至30%～40%，2014年和2015年已分别下降到27%和23%。

图7-10为黑龙江省1990—2015年的玉米病害发生种类变化情况。可以看出，黑龙江省玉米病害种类主要为丝黑穗病和大小斑病，其中丝黑穗病所占玉米病害发生面积由1990年的54%上升到2002年的89%，随着抑制丝黑穗病玉米品种的推广，其所占病害发生面积比率逐渐降低至2015年的17%左右。大、小斑病发生面积则逐渐呈上升趋势，病害发生面积由1990年的10.91万公顷次，上升至2015年的118.53万公顷次，所占病害发生面积由40%左右上升至60%以上。

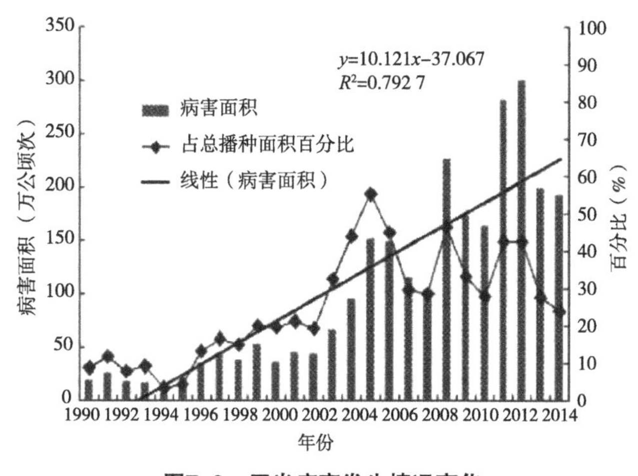

图7-9　玉米病害发生情况变化

Fig. 7-9　The change of area with maize disease

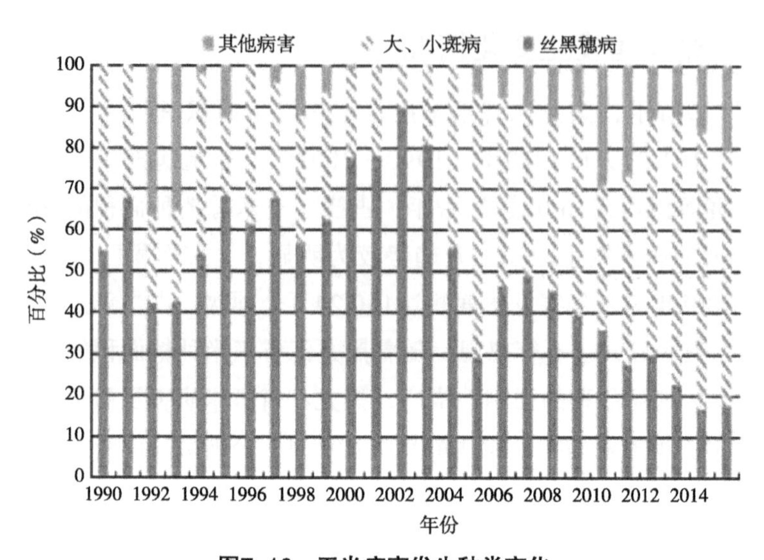

图7-10 玉米病害发生种类变化

Fig. 7-10 The change of species with maize disease

7.2.3 玉米虫害发生变化情况

由图7-11可知，与病害发生面积情况相类似，黑龙江省玉米虫害累积发生面积呈明显上升趋势，趋势速率达到206.57万公顷次/10年。2012—2015年，玉米虫害受灾面积最大，均超过500万公顷次/年，其中2012年为虫害受灾面积峰值年，达739.76万公顷次，这主要是由于黑龙江省近些年连续扩大玉米种植面积，基数的增加导致虫害受灾面积也急剧增长。黑龙江省自1990年以来，虫害受灾面积均占当年玉米总播种面积的50%以上，2000—2004年，玉米虫害受灾程度最为严重，虫害受灾面积占当年玉米总播种面积的100%以上，其中2001年和2004年受灾比例最高，达到132%和145%。

黑龙江省玉米虫害种类主要为玉米螟、地下虫害、玉米黏虫，以及玉米土蝗和玉米蚜虫等其他虫害，如图7-12所示，其发生面积所占比率也有所差异。1990—2015年玉米螟和玉米黏虫平均发生面积分别占虫害总面积的57%和5%左右，玉米地下虫害平均发生面积占22%左右，其占虫害总面积发生趋势已由1990—2004年的平均26%降至2005—2015年的平均17%。同时，以玉米土蝗、蚜虫为主的其他虫害，发生面积逐渐增加，其所占虫害发生面积比例由1990年的7%上升至2015年的36%。

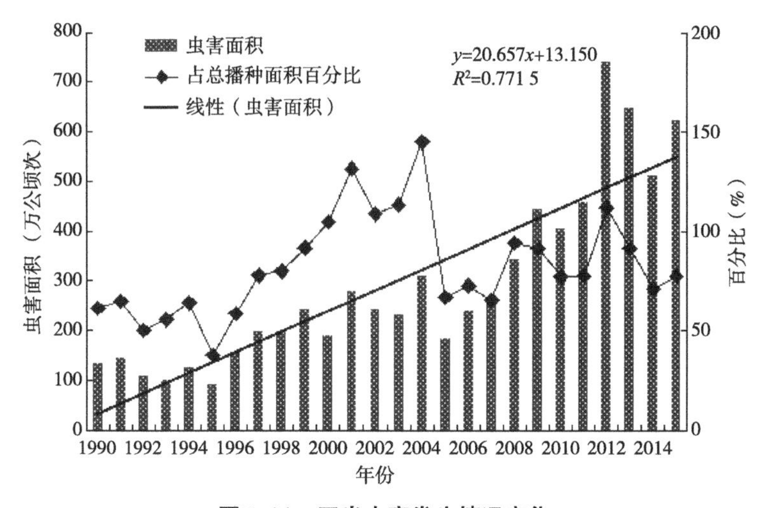

图7-11　玉米虫害发生情况变化

Fig. 7-11　The change of area with maize pests

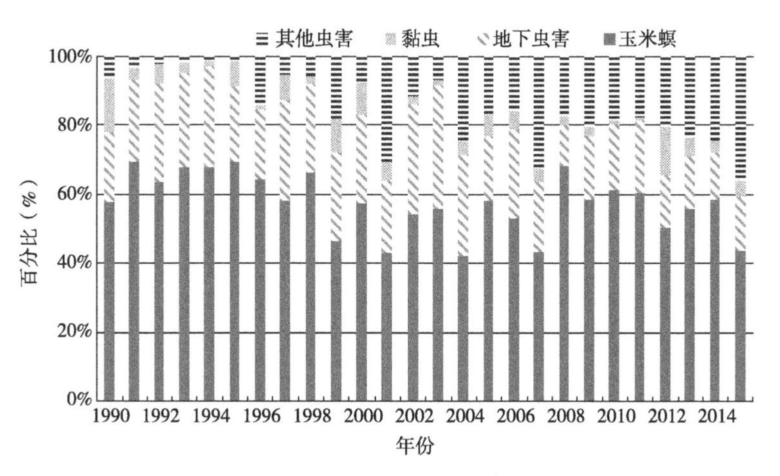

图7-12　玉米虫害发生种类变化

Fig. 7-12　The change of species with maize pests

7.2.4　全生育期气候因子与玉米病虫害发生相关性分析

结合上文所述，并采用距平大于标准差的2倍作为异常，大于标准差的1.5～2.0倍为接近异常，筛选研究区域气温与降水异常年份，分析气候因子与玉米病虫害发生之间的联系。如图7-13所示，气温异常年份中1992年、

1993年、1995年为偏冷年份，其当年虫害发生累计面积占播种面积的比例分别为49%、55%和37%，明显低于往年占播种面积的61%以上；而气温偏高年份1998年、2001年、2008年，其当年病害发生没有明显波动变化，而虫害发生累计面积，尤其是玉米螟的发生较往年有明显增加趋势。

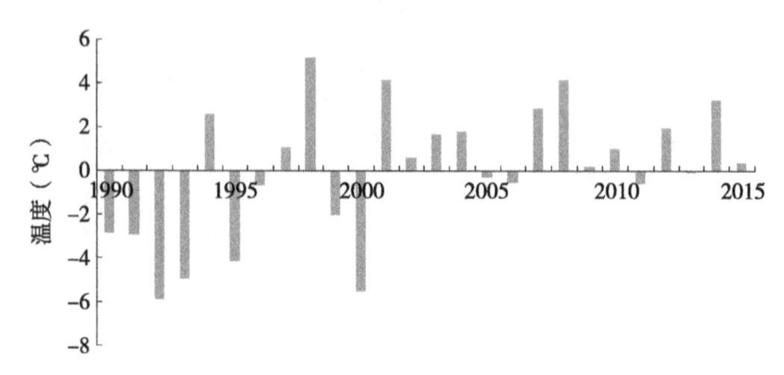

图7-13　玉米全生育期温度变化距平

Fig. 7-13　The anomaly of temperature variation of maize growth period

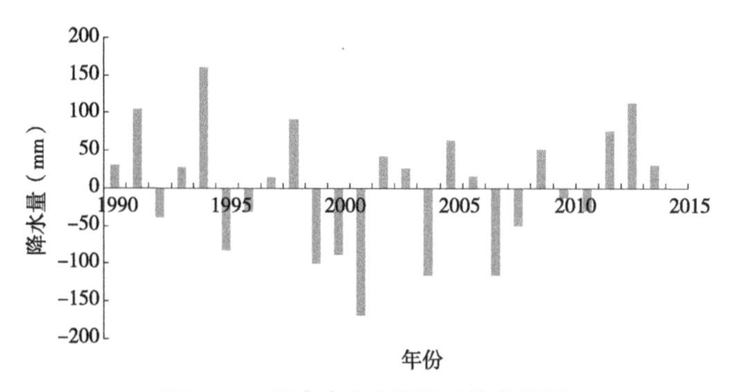

图7-14　玉米全生育期降水变化距平

Fig. 7-14　The anomaly of precipitation variation of maize growth period

此外，降水异常年份中2001年、2004年、2007年为降水偏少年份，1991年、1994年、2012年和2013年为降水偏多年份，其对玉米病虫害的发生也存在一定的影响，尤其自2010以后，降水量持续增加，导致玉米病虫害发生面积增加，尤其是丝黑穗病、玉米螟、玉米黏虫发生面积增加。

通过分析黑龙江省玉米全生育期气候因子，与玉米主要病虫害发生的相关性，由表7-2可知，气候因子中降水量与日照呈极显著负相关。气候因子与主要病虫害、温度变化与主要玉米虫害的发生、日照时长与玉米丝黑穗病发生呈显著正相关，降水与玉米大、小斑病的发生呈极显著正相关。黑龙江省玉米全生育期积温和降水量的增加，为玉米品种更替及种植带北扩提供了良好的气候条件基础，同时对玉米病虫害的发生也将产生较大影响。

气候因子的变化与病虫害的发生也将直接影响玉米单产量。由表7-2可知，玉米单产量与降水量显著正相关，而与玉米主要虫害显著负相关，与日照时长和玉米丝黑穗病呈极显著负相关。

表7-2 玉米全生育期气候因子与病虫害发生相关关系

Tab. 7-2 Analysis on correlation between climatic factors and occurrence of pest and disease in maize

	气象因子			玉米病害			玉米虫害			
	温度	降水	日照	累积病害	丝黑穗病	大、小斑病	累积虫害	玉米螟	地下虫害	黏虫
温度		0.083	−0.073	−0.412	−0.144	−0.340	0.441*	0.417*	−0.675*	0.104
降水			−0.633**	0.633	−0.255	0.900**	0.262	0.246	0.068	0.152
日照				0.047	0.636*	−0.490	0.089	−0.052	0.040	0.067
单产	0.054	0.402*	−0.833**	0.060	−0.543**	0.269	−0.441*	−0.417*	0.182	−0.104

注：*表示在0.05水平达到显著，**表示在0.01水平达到显著。

采用线性回归分析病虫害对玉米单产量的影响。由于黑龙江省玉米播种面积变化相对较大，在不考虑极端天气、品种更替等因素影响条件下，设置病虫害发生面积所占播种面积百分比为自变量x，因变量y为年玉米平均单产量。由图7-15可知，玉米平均单产量随玉米病虫害发生频次的增加而减少，两者呈负相关变化。玉米病虫害发生面积占总播种面积比例每上升1%，玉米平均单产降低3.98kg/hm^2。例如，2001年玉米平均单产量仅为3 884kg/hm^2，而该年度玉米丝黑穗病发生率相对偏高，虫害发生面积占当年玉米播种面积的132%。另外，该年气候因子中，降水量相对偏低，日照时长达到最多的1 557.15h。

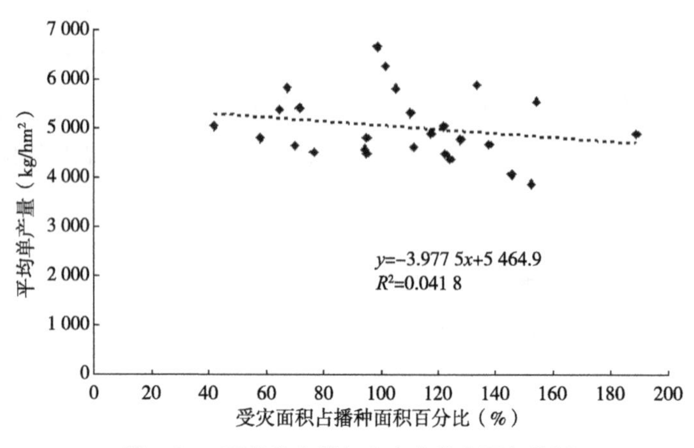

图7-15　玉米单产量与病虫害发生回归分析

Fig. 7-15　Regression analysis of average yield and occurrence of pest and disease in maize

7.2.5　结论与讨论

1990—2015年黑龙江省玉米全生育期平均气温呈上升趋势，增率为1.89℃/10年，降水量和日照的变化波动性较大，但呈现了明显的周期性，趋势变率达到为-10.8mm/10年和-21.7h/10年。进入21世纪以来，黑龙江省玉米全生育期气候异常年份明显增加，平均气温和降水量进入普遍偏高时期，日照时数则明显偏少。

近25年，随着玉米种植播种面积的不断增加，黑龙江省玉米种植病害和虫害发生面积也明显上升，趋势速率达到101.21万hm^2/10年和206.57万公顷次/10年。其中玉米病害以丝黑穗病和大、小斑病为主，但随着玉米丝黑穗病抗病品种的推广，进入21世纪以来，大、小斑病发生面积比例不断增长，2015年发生面积已达118.53万公顷次，占病害发生面积的60%以上；而黑龙江省玉米虫害发生面积相对较大，主要为玉米螟、地下虫害、玉米黏虫，以及玉米土蝗和玉米蚜虫等其他虫害。进入21世纪以来，虫害受灾面积已占当年玉米总播种面积的100%以上，受灾面积超过500万公顷次/年，尽管2000年以来虫害发生所占比率下降至80%左右，但黑龙江省玉米虫害的复杂性、严峻性已不容忽视。

分析黑龙江省玉米全生育期气候因子与玉米主要病虫害发生的相关性，其中，日照与主要病虫害呈负相关关系，而温度是玉米病虫害发生的主要控制因子之一，这与前人的气候变暖有利于害虫越冬、繁殖的结论相一致。温度的变化与丝黑穗病、玉米螟、地下虫害等发生呈显著正相关，降水量与玉米大、小斑病的发生达到极显著正相关，这与前人的玉米全生育期降雨增加、日照时长的减少为农业害虫生长繁殖，以及病菌侵染提供良好的环境，增加玉米病虫害暴发概率的结论相一致。另外，尽管黑龙江省玉米年平均单产量呈上升趋势，但通过线性回归分析可明显看出，玉米平均单产量随玉米病虫害发生频次的增加而减少，两者呈负相关变化。玉米病虫害发生面积占总播种面积的比例每上升1%，玉米平均单产降低3.98kg/hm^2。

全球温室效应的加剧，是导致玉米病虫害发生概率不断增加的主要影响因素之一。玉米作为我国重要的粮食作物，对国民经济的稳定和发展有着举足轻重的作用。黑龙江省玉米生育期积温和降水量的增加，为玉米品种更替及种植带北扩提供了良好的气候条件基础，同时对玉米病虫害的发生也将产生较大影响。因此，如何应对气候变化，发展智慧型农业，采取有效措施减少病虫害的发生，对保证我国农业可持续发展，稳定玉米高效产出，具有重要意义。

7.3 气候变化对水稻病虫害的影响

水稻在黑龙江省农业中占据重要的位置。20世纪30年代日本入侵东北之后，水稻开始作为粮食作物在黑龙江省进行栽培。1953年，黑龙江省的水稻种植已经达到了30万亩，种植区域已至北纬50°15′，但水稻平均产量只有3 000kg/hm^2。2015年，黑龙江省水稻种植面积已经达到了384.3万hm^2，产量达到了6 988.5kg/hm^2，产量提高了2倍多。

由于气候冷凉，黑龙江省水稻病虫害的数量要比南方少很多。经过多年的种植，黑龙江省的水稻病虫害逐渐增多，危害面积逐渐加大，成为影响水稻产量的主要原因。在20世纪50年代，黑龙江省水稻主要的病害是稻瘟病，主要发生在查哈阳灌区，虫害有螳螂蝇、负泥虫、泥苞虫、稻摇蚊等。目前，在黑龙江省已发现水稻病害20余种。国家主要防治的19种主要水稻虫害在黑龙江省就有11种。

7.3.1 水稻病虫害发生面积和播种面积的年际变化

图7-16为黑龙江省在1986—2015年水稻病虫害发生累积公顷次的年际变化情况。由图7-16可知，水稻病虫害的发生面积呈年际振荡变化，水稻病虫害变化幅度在1998—2009年最大，1986—1997年和2010—2015年这两个时间段内的变化幅度较小，2012年的水稻病虫害达到了226.65万hm^2，是近30年的最大值。1986—2015年，水稻病虫害以5.58万hm^2/年的速率增加，病虫害发生面积符合公式y=5.583 5x−11 049.529 1（R^2=0.609 1），对该公式进行ANOVA检验，得到F_{value}=46.18，$Prob>F$=2.215 × 10^{-7}。因此可以利用该公式预测水稻病虫害的年际变化趋势。水稻病虫害的发生面积增加可能是因黑龙江省水稻种植面积稳步增长引起的。在1986年，黑龙江省水稻田面积只有50.7万hm^2，到了2015年，水稻种植面积已经达到了384.3万hm^2，是1986年的6.87倍，增长了约658%。水稻种植面积的大幅度增长，相应的水稻发生病虫害的面积增加。利用SPSS研究二者的相关性，二者的相关系数为0.826 11，在0.01水平上显著正相关。另外，水稻田经过连年种植，水稻病虫害加重或反复出现，导致累积数据增加。

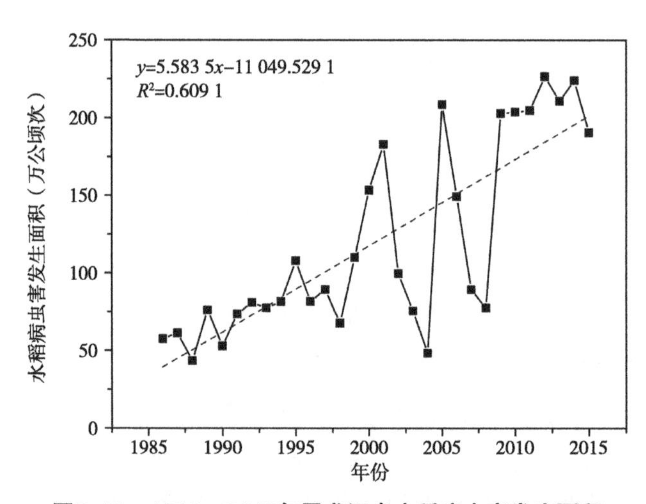

图7-16 1986—2015年黑龙江省水稻病虫害发生面积

Fig. 7-16 Rice areas affected by diseases and insects in Heilongjiang Province from 1986 to 2015

为了减少因种植面积增加导致的数据差异，利用病虫害发生率即水稻病虫害发生面积与种植面积的比值（I）的变化来研究1986—2015年黑龙江省水稻病虫害的发生情况。如图7-17所示，I在1986—2015年时段年际振荡变化明显，呈降低—增加—降低—增加的变化，只不过变化周期越来越短，变化幅度也越来越小。病虫害的发生与环境因子、种植方式、种植品种和防治技术密切相关的。稻瘟病、稻叶瘟、鞘腐病、纹枯病、白叶病等大多数水稻病害容易在高温、高湿的条件下发病，如稻瘟病适宜的发病温度在20～30℃，湿度则需要大于90%，稻叶瘟则为10～30℃，鞘腐病的适宜发病条件则为25～30℃，湿度大于85%。当然也有例外，比如穗茎病则喜欢低温（小于20℃）、阴雨天气。而水稻虫害产卵、孵化和越冬都会影响发病的面积和程度，例如暖冬、春季温度高且少雨，水稻螟蛉和稻摇蚊等虫害的发生概率较大，而稻秆潜叶蝇耐低温但不喜高温和干旱。密植、反复种植同一个品种、秸秆直接还田等都会导致病虫害的发生。随着病虫害预测手段和防治技术的提高，I在1986—2015年时间段内以0.21/10年的速率降低，整个变化趋势符合公式y=−0.020 9x+42.650 4（R^2=0.380 0）。利用ANOVA进行验证，得到F_{value}=18.158 5，$Prob>F$=2.21×10^{-4}，因此可以利用该公式预测水稻病虫害发生率的年际变化情况。

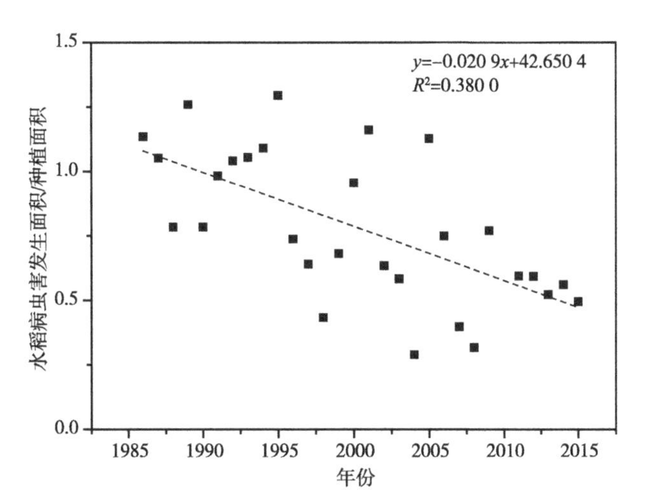

图7-17　1986—2015年黑龙江省水稻病虫害发病率年际变化

Fig. 7-17　Interannual variation of rice diseases and insects incidence in Heilongjiang Province from 1986 to 2017

7.3.2 水稻病虫害发病率与气象因子的关系

光照、温度和湿度等气象因子与病虫害的发生及扩散关系密切。病虫害只有在遇到适宜的气象条件时才有可能大面积发生或产生较大的影响。温度是其中的一个重要的因素，直接影响害虫的发育、繁殖、存活以及致病病菌生长、孢子形成、萌发的好坏。水稻鞘腐病病原菌生长的温度要求在10～30℃。菌丝生长和孢子形成的最适温度为25℃。水稻稻瘟病菌菌丝在8～37℃温度范围内都能生长，26～28℃是菌丝生长的理想温度，形成孢子的温度范围为10～35℃，最适温度为25～28℃。水稻纹枯病菌的最适温度为25～32℃。同样各种水稻害虫的生长、发育和繁殖受温度的影响，温度范围一般为6～36℃。适宜的温度能促进害虫的生长和繁殖，导致虫害等的发生，但如果温度过高或过低，会影响成虫寿命、产卵、孵化及低龄幼虫的成活率，最终抑制虫害的发生。

7.3.2.1 温度

由于农作物生长期内的温度适合水稻的大部分病虫害，因此，对其进行了研究，研究结果如图7-18所示。由图7-18可知，黑龙江省水稻病虫害发生面积与水稻种植面积的比值（I）随生长期温度和的增加的变化是波动的，在85.0～88.7℃范围内，$I \geqslant 1$，在88.7～94.9℃范围内，除去91.57℃

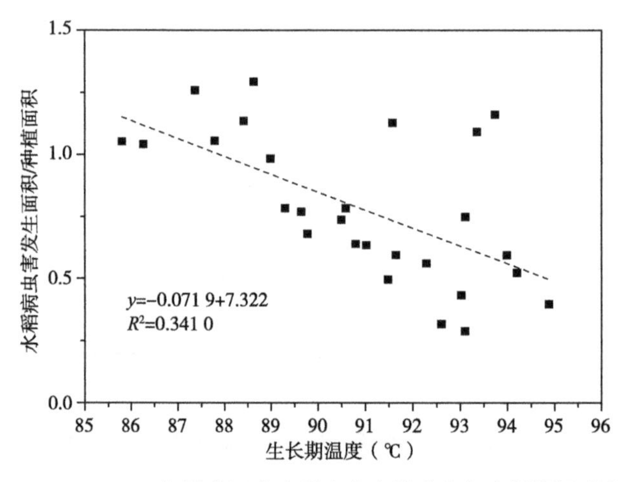

图7-18 1986—2015年黑龙江省水稻病虫害发病率与生长期温度和的关系

Fig. 7-18 I value of rice in Heilongjiang Province from 1986 to 2015

（2005年）、93.355℃（1994年）和93.739℃（2001年），其他的温度对应的I均小于1.0，小于1.0的年份占总年份的67%。I最大值出现在1995年，为1.293，由前面的研究可知，1995年为偏冷年份，水稻的生长发育受到较大的影响，其抗病虫害的能力下降，造成病虫害在该年暴发。I与生长期内温度的变化呈下降趋势，下降速率为0.072/℃，整个变化趋势符合公式$y=-0.071\,9x+7.322$（$R^2=0.341\,0$）。利用ANOVA进行验证，得到$F_{value}=14.452\,5$，$Prob>F=8.230\,9\times10^{-4}$，因此可以利用该公式描述水稻病虫害发生率与生长期温度的关系。

7.3.2.2 湿度

湿度是影响水稻病虫害发生与否及危害程度的另一个重要气象因子。许多水稻病害的发生需要高的湿度。鞘腐病、稻瘟病和纹枯病等暴发的适宜条件不低于90%，连续的阴雨天气、大雾等容易增加水稻病害的发病率，暴雨等则增加了病害的传播。对于虫害，主要影响害虫的产卵、蛹的孵化、幼虫存活的情况。适宜的湿度能够提高虫害的发生概率。稻苞虫害多发生在雨季，褐飞虱虫害发生的湿度不能低于80%。当环境湿度低于40%时，水稻黏虫成虫很少或不能产卵，湿度小于18%时，其幼虫难以存活。因此虫害的暴发也需要适当的降水，保持害虫周围环境的湿度。由图7-19可以看出，I随着生

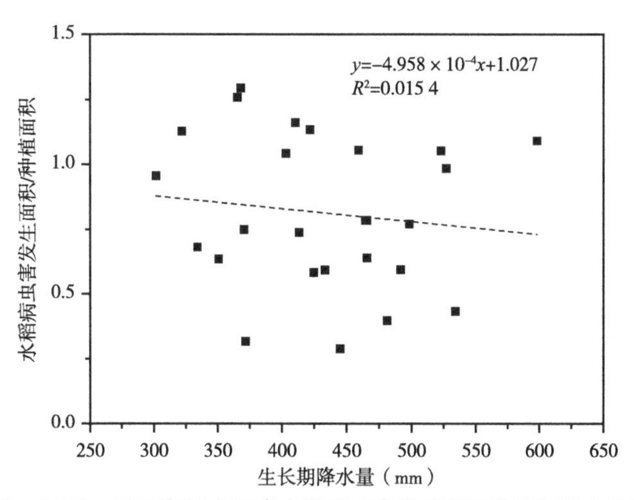

图7-19 1986—2015年黑龙江省水稻病虫害发病率与生长期降水量的关系

Fig. 7-19 The relationship between *I* value of rice and the rainfall during growing period in Heilongjiang Province from 1986 to 2015

长期间降水量的增加而增高，增加的速率为0.000 5/mm。由于降水量只是影响湿度的一个方面，湿度还受风力、降雨时间长短、气压、地质条件等因素的影响，所以二者的相关性并不显著，在300～600mm范围内基本呈散点分布。

7.3.2.3 日照时数

日照时数的影响也是病虫害暴发需要考虑的原因。日照对害虫的影响主要体现在影响害虫的趋光性、取食、栖息、繁殖、发育和休眠等方面。光照会对病原菌生长发育产生影响。以水稻鞘腐病菌为例，光照能抑制其生殖生长和孢子的形成。对于喜光的水稻而言，光照时间长度和强度影响其生长速度、质量以及各个生长阶段水稻抗病性的强弱。光照不足，水稻的抗病能力会下降，光照充足有利于水稻生长和抗病性的提高，但会为病虫害提供足够的寄居场所和食物来源，也会导致病虫害的发生或暴发。由图7-20可见，在1986—2015年，在日照时数为1 243h时，水稻病虫害发病率最高。对日照时数为1 000～1 200h区间内的水稻病虫害发病率进行拟合，发现水稻病虫害发病率与日照时数符合高斯公式$y=0.441+0.617e^{-\frac{(x-1\ 145.334)^2}{2\ 414.96}}$（$R^2$=0.335），ANOVA的验证表明，该公式在95%的水平上是可信的（F_{value}=49.93，$Prob>F$=4.857 29×10^{-8}）。

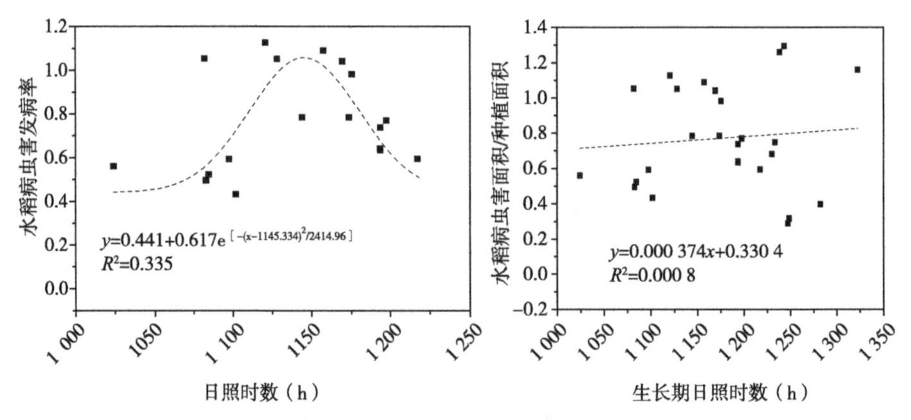

图7-20 1986—2015年黑龙江水稻病虫害发病率与生长期日照时数的关系

Fig. 7-20 The relationship between *I* value of rice and the sunshine hours during growing period in Heilongjiang Province from 1986 to 2015

对水稻病虫害与生长期间的月平均温度和（*T*）、累积降水量（*F*）和累积日照时数（*S*）进行多元线性回归，得到公式$y=-0.074\ 34T+0.001\ 086\ 858F+0.001\ 473S+5.330\ 597\ 971$（$R^2=0.425\ 5$）。由上述公式可知，水稻病虫害与温度和是负相关的，与降水量和日照时数和则是正相关的。SPSS相关性研究结果表明，水稻病虫害主要受生长期内温度和的影响，其影响在0.01水平上是显著正相关的，见表7-3。

表7-3　*I*值与气象因子的相关性

Tab. 7-3　The relevance of meteorological factors to *I* value

	I	生长期内温度和（℃）	生长期内降水（mm）	生长期内日照时数（h）
I	1			
生长期内温度和（℃）	-0.605 3**	1		
生长期内降水（mm）	0.023 5	-0.003 7	1	
生长期内日照时数（h）	0.115 3	0.060 4	-0.722**	1

注：*表示在0.05水平达到显著，**表示在0.01水平达到显著。

7.3.3　水稻病害与气象因子的关系

黑龙江省水稻病害和虫害的平均发生面积分别约占水稻种植面积的53%和47%。随着植保技术的提高以及新水稻品种的选育和推广，病虫害发生面积所占的比重也在不断发生变化，以1990—1994年和2011—2015年这两个时间段为例，在1990—1994年，病害和虫害的平均发生面积分别约占水稻种植面积的55%和45%。而在2011—2015年，病害和虫害的平均发生面积分别约占水稻种植面积的49.3%和50.7%。截至2015年，我国统计的主要的水稻病害有9种：稻瘟病、纹枯病、水稻白叶枯病、稻曲病、恶苗病、病毒病、线虫病、赤枯病、稻粒黑粉病、胡麻叶斑病。在黑龙江省就有7种：稻瘟病、纹枯病、稻曲病、恶苗病、赤枯病、黑粉病、胡麻叶斑病。在2011—2015年，稻瘟病、纹枯病、胡麻叶斑病和赤枯病的发病面积分别占病害发病面积的26.2%、17.6%、10.2%和7.03%。因此，稻瘟病和纹枯病是黑龙江省水稻常见的主要病害。

本部分利用近30年的植保和气象数据，采用SPSS软件对稻瘟病和纹枯病与生长期间各月份的气象因子的关系进行相关性研究。研究结果见表7-4。由表7-4可知，稻瘟病主要与5月的降水量和日照时数有关，其中与5月的降水量在0.05水平上是显著负相关的，而与日照时数是正相关的。稻瘟病与7月的温度最密切，为负相关，其次是8月温度，呈正相关的关系。降水量与日照时数与稻瘟病相关性的大小均为5月>8月>7月>9月>6月。总体而言，稻瘟病受5月的气象因子影响较大。

温度、降水量和日照时数与水稻纹枯病相关性的大小分别为8月>5月>9月>6月>7月、9月>6月>5月>7月>8月和6月>5月>9月>8月>7月。总体而言，水稻纹枯病与8月的温度，9月的降水量关系较为密切，均为负相关。

表7-4　稻瘟病与纹枯病与气象因子的关系

Tab. 7-4　The relevance of meteorological factors to rice blast and sheath blight

	稻瘟病				
	5月	6月	7月	8月	9月
温度（℃）	−0.139	−0.144	−0.232	0.209	0.122
降水（mm）	−0.402*	−0.021	0.145	0.155	0.074
日照时数（h）	0.344	0.024	−0.124	0.247	0.085
	纹枯病				
	5月	6月	7月	8月	9月
温度（℃）	0.281	−0.195	0.067	−0.331	−0.221
降水（mm）	−0.165	0.255	0.014	−0.034	−0.313
日照时数（h）	0.210	−0.224	−0.051	−0.080	0.194

注：*表示在0.05水平达到显著。

7.3.4 水稻虫害与气象因子的关系

在黑龙江省主要防治的水稻虫害有二化螟、卷叶螟、稻飞虱、稻苞虫、稻负泥虫、稻秆潜蝇、稻螟蛉、稻水蝇、稻摇蚊、稻蝗、水稻黏虫11种。其中，水稻潜叶蝇和水稻负泥虫被列为黑龙江省二类农作物病虫害名录，是近年来黑龙江省水稻的主要虫害。2011—2015年，水稻负泥虫、二化螟和水稻潜叶蝇的平均虫害面积分别为24.768万公顷次、18.491万公顷次和14.432万公顷次，占虫害面积的23.09%、17.24%和13.45%。因此本部分研究这3种虫害与气象因子之间的关系。由于虫害涉及越冬，所以研究时段为上年的10—12月和当年的1—9月，研究结果见表7-5。由表7-5可知，温度对水稻负泥虫影响程度由大到小的前5个月为上年10月>1月>8月>5月>上年11月。降水量对水稻负泥虫影响程度则为2月>4月>5月>上年10月>8月。日照时数对水稻负泥虫影响程度由大到小前5个月为5月>2月>8月>上年12月>上年11月。水稻负泥虫与前一年的10月的温度、4月的降水量和5月的日照时数在0.05水平上显著正相关，相关系数分别为0.814，0.644和0.668。而与2月的降水量是显著负相关的，相关系数为-0.640。

温度对水稻潜叶蝇影响程度由大到小前5个月为1月>2月>上年12月>7月>3月。降水对水稻潜叶蝇影响程度由大到小前5个月为1月>2月>上年12月>7月>3月。日照时数对水稻潜叶蝇影响程度由大到小前5个月为7月>3月>上年11月>上年10月>上年12月。水稻潜叶蝇与1月和2月的温度、7月的日照时数在0.05水平上显著正相关，相关系数分别为0.636，0.691和0.671。7月降水对水稻潜叶蝇的影响是所有月份中最大的，虽然相关系数为-0.611，但在0.05水平上还未达到显著的水平。

温度对水稻二化螟影响的程度由大到小前5个月为9月>5月>6月>4月>3月，在0.05水平上均未通过显著性检验。降水对水稻二化螟影响程度由大到小前5个月为：3月>6月>上年11月>4月>5月，同样在0.05水平上均未通过显著性检验。日照时数对水稻二化螟影响程度由大到小前5个月为3月>1月>6月>7月>2月，其中与3月的日照时数在0.05水平上为显著负相关。

表7-5　水稻虫害与气象因子的关系

表7-5　The relevance of meteorological factors to rice leaf miner，rice stem borer and ouleaorzea

负泥虫												
月份	10	11	12	1	2	3	4	5	6	7	8	9
温度（℃）	0.814*	−0.30	0.132	−0.518	−0.269	−0.141	−0.017	0.442	−0.247	0.039	−0.478	0.007
降水量（mm）	−0.474	−0.394	−0.123	−0.096 3	−0.640*	0.098	0.644*	−0.489	0.291	0.321	−0.466	0.429
日照时数（h）	0.218	0.382	0.481	0.169	0.577	−0.210	−0.230	0.668*	−0.260	−0.325	0.557	−0.105
水稻潜叶蝇												
月份	10	11	12	1	2	3	4	5	6	7	8	9
温度（℃）	0.088	0.189	0.538	0.691*	0.636*	0.421	0.333	−0.082	−0.400	−0.439	0.405	0.249
降水量（mm）	−0.232	−0.564	−0.123	0.417	0.189	0.479	0.249	−0.323	0.454	−0.611	0.018	−0.226
日照时数（h）	0.483	0.590	0.296	0.254	−0.233	−0.628	0.026	0.236	−0.137	0.671*	0.151	−0.017
二化螟												
月份	10	11	12	1	2	3	4	5	6	7	8	9
温度（℃）	0.026	−0.225	0.217	−0.147	0.166	0.246	0.396	0.418	−0.407	0.081	0.123	−0.432
降水量（mm）	0.101	−0.299	−0.174	−0.178	−0.269	0.575	−0.250	−0.213	0.533	−0.069	0.007	0.249
日照时数（h）	0.339	0.326	−0.061	0.613	0.390	−0.671*	0.194	0.257	−0.489	0.395	−0.096	0.014

注：*表示在0.05水平达到显著。

7.3.5 小结

本部分利用SPSS、Origin和Excel软件对可获得的黑龙江省水稻病虫害的植保数据和气象数据进行分析，得到如下结论。

（1）水稻病虫害发病率在1986—2015年年际振荡变化明显，总体呈降低—增加—降低—增加的变化，只不过变化周期越来越短，变化幅度也越来越小。病虫害的发生是与环境因子、种植方式、种植品种和防治技术密切相关的。发病率在1986—2015年时间段内以0.21/10年的速率降低，整个变化趋势符合公式$y=-0.020\ 93x+42.650\ 37$。

（2）黑龙江省水稻病虫害发生面积与水稻种植面积的比例随生长期温度和的增加的变化是波动的，随生长期内温度的增加呈下降趋势，下降速率为0.072/℃，整个变化趋势符合公式$y=-0.071\ 94x+7.322\ 1$。病虫害发病率随着生长期间降水量的增加是增大的，增大速率为0.000 5/mm，但二者相关性并不显著，在300～600mm范围内基本呈散点分布。在1986—2015年，在日照时数为1 243h时，水稻病虫害发病率最高。在日照时数为1 000～1 200h时，水稻病虫害发病率与日照时数符合高斯公式。

（3）水稻病虫害与生长期间的气象因子符合多元线性回归公式$y=-0.074\ 34T+0.001\ 086\ 858F+0.001\ 473S+5.330\ 597\ 971$（$R^2=0.425\ 5$）。水稻病虫害与温度负相关，与降水量和日照时数是正相关的。SPSS相关性研究结果表明，水稻病虫害主要受生长期内温度的影响，在0.01水平上是显著正相关的。

（4）稻瘟病和纹枯病是黑龙江省近年来水稻常见主要病害。稻瘟病受5月的气象因子影响较大，与5月的降水量在0.05水平上是显著负相关的。水稻纹枯病与8月的温度，9月的降水量关系较为密切，均为负相关。

（5）近年来水稻负泥虫、二化螟和水稻潜叶蝇是黑龙江省水稻的主要虫害。水稻负泥虫与前一年10月的温度、4月的降水和5月的日照时数在0.05水平上显著正相关，水稻潜叶蝇与1月和2月的温度、7月的日照时数在0.05水平上显著正相关，水稻二化螟与3月的日照时数在0.05水平上为显著负相关。

7.4 气候变化对大豆病虫害的影响

黑龙江省是我国北方春大豆的主产区，同时也是我国高油大豆的重点发展区域。在1986—2015年，大豆的年平均种植面积为291.8万hm^2，分别约占全国的1/3和北方地区春大豆种植面积的2/3。由于连年种植和重迎茬面积的增加，黑龙江省大豆病虫害逐渐加重，且随着气候的变暖和物种的入侵，新的病虫害逐渐出现，大豆的产量和品质受到影响。而气象因子是影响病虫害发生或暴发与否的重要因素，因此有必要对黑龙江省大豆病虫害进行研究。

7.4.1 大豆病虫害发生面积的年际变化特征

图7-21和图7-22是黑龙江省1986—2015年大豆播种面积和病虫害发生面积年际变化。如图7-21所示，播种面积和病虫害发生面积的年际变化分为两个阶段，20世纪80年代中期到2000—2010年是增长期，其后则是下降阶段，但二者最大值的年份即拐点出现的年份不一致而已。在1986—2005年，大豆病虫害发生面积以24.96万公顷次/年的速率增加，发生面积在2005年达到最大值，为863.68万公顷次，此后以50.17万公顷次/年的速率减少，到2015年，病虫害的发生面积降至219.58万公顷次。病虫害发生面积年际变化符合公式：y=24.960 31x−49 501.699 26（R^2=0.476 78）（1986—2005年）和y=−50.166 47x+101 301.142 3（R^2=0.607 91）（2006—2015年）。经过ANOVA分析，这两个公式的F_{vlaue}和$Prob>F$的值分别为18.318 1、4.512 2E−4和14.953 73、0.004 76，可以利用这两个公式来描述1986—2015年大豆病虫害发生情况。大豆的播种面积在1986—2009年以9.322 09万hm^2/年的速度增长，在2009年大豆的播种面积达到了486.3万hm^2。其后，又以33.9万hm^2/年的速度迅速下降，截至2015年，大豆播种面积已经下降到235.5万hm^2。大豆播种面积的年际变化趋势公式为：y=9.322 09x−18 332.535 36（R^2=0.662 04）（1986—2009年）和y=−33.902 86x+68 535.233 33（R^2=0.475 49）（2010—2015年）。经过ANOVA分析，这两个公式的F_{vlaue}、$Prob>F$的值分别为46.054 66、8.082E−7和5.532 63、0.078 33，可以利用该公式来描述1986—2015年大豆播种面积年际变化情况。大豆播种面积和病虫害发生面积二者的相关系数为0.777 4，关系比较密切。病虫害发生面积与播种面积的关系式

符合公式：y=2.036 76x−242.797 9（R^2=0.590 27）（1986—2015年）。经过ANOVA分析，公式的F_{vlaue}和$Prob>F$的值分别为42.777 65和4.329 65E−7，表明可以用该公式来表达二者之间的关系，如图7−22所示。

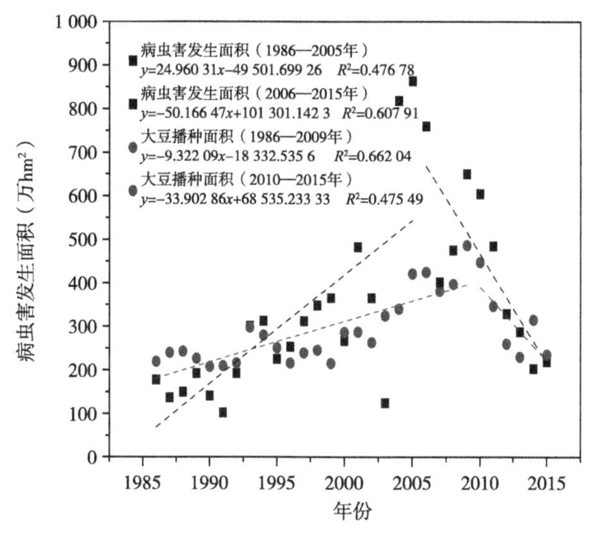

图7−21　1986—2015年黑龙江省大豆播种面积和病虫害发生面积

Fig. 7−21　The soybean planting areas and areas affected by diseases and insects in Heilongjiang Province from 1986 to 2015

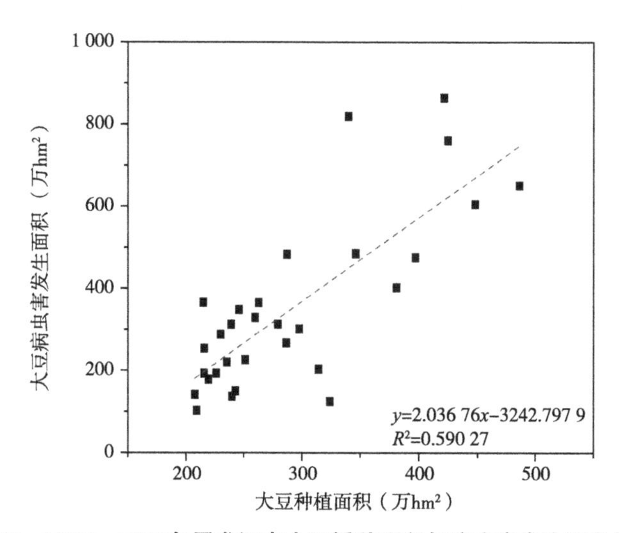

图7−22　1986—2015年黑龙江省大豆播种面积与病虫害发生面积的关系

Fig. 7−22　The relationship between soybean panting areas and areas affected by diseases and insects in Heilongjiang Province from 1986 to 2015

为了更直观地观察大豆病虫害的真实情况，本部分利用病虫害发病率来研究大豆病虫害的年际变化或与气候因子之间的关系。黑龙江省春大豆在1986—2015年病虫害发病率的年际变化如图7-23所示。由图7-23可知，大豆病虫害发病率的年际变化呈先增加后减小的趋势，最大值出现在2005年。整个变化符合公式：$y=1.111\,48+0.441\,42\sin\left[\frac{\pi(x+223.359\,05)}{16.810\,99}\right]$（$R^2$=0.381 96）。该公式经ANOVA分析，$F_{vlaue}$和$Prob>F$的值分别为79.700 02和3.098 63E-13，通过了95%的置信检验。20世纪80年代中后期，除大豆播种面积迅速增加外，大豆的重迎茬面积比例也不断增加。据不完全统计，黑龙江省大豆播种面积的40%～50%是重迎茬，有的地区重迎茬比例高达70%～90%，例如2009年齐齐哈尔市大豆的重迎茬面积比例达到了72.9%，重迎茬能加剧各类病虫害的发生，大豆病虫害发生面积也迅速增加。而后随着黑龙江省种植结构的调整，玉米和水稻的种植面积迅速增加，大豆播种面积降低，继而病虫害发生面积也相应减少。

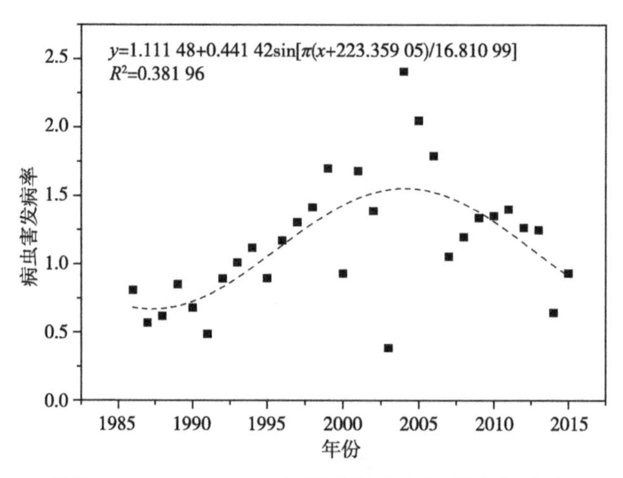

图7-23　1986—2015年黑龙江省大豆*I*值年际变化

Fig. 7-23　The interannual changes of soybean *I* value in Heilongjang Province from 1986 to 2015

7.4.2　大豆病虫害与气象因子的关系

目前黑龙江省大豆病虫害有40多种，其中病害和虫害分别有25种和21

种，这些病虫害的发生都与气象因子有一定的关系。冷湿天气有利于大豆菌核病囊孢子的形成，也易发生根腐病。而大豆在温暖高湿（10～30℃，相对湿度90%以上）的天气易发生霜霉病。在结荚期间，高温高湿利于大豆灰斑病的发生。对于害虫而言，气象条件影响害虫的产卵、卵的发育和孵化、成虫寿命、迁徙以及害虫越冬的情况。大豆孢囊线虫病是黑龙江省春大豆生产区的主要虫害之一，干旱高温有利于其在土壤中的存活，高温低湿的天气会缩短大豆食心虫成虫的寿命，土壤湿度低则会完全抑制大豆食心虫蛹的羽化、二条叶甲等虫卵的孵化。因此有必要对大豆病虫害与气象因子的关系进行研究（图7-24）。

7.4.2.1 温度

温度影响病害真菌的孢子形成以及害虫越冬、成虫寿命、虫卵孵化等的情况，例如温度影响草地螟越冬代虫出现的时间及种群动态变化情况。当年早春平均温度达到14～15℃时开始出现越冬代成虫，达到17℃时越冬代虫则进入盛发期。日平均温度在28℃以下的大豆种植区易流行大豆锈病。大豆霜霉病是在10～30℃范围内易发病。如图7-24a所示，大豆病虫害发病率高于1的年份的生长期积温在89～95℃，在该温度范围内，75%的年份的大豆病虫害发病率高于1。在生长期积温85～89℃范围内，大豆病虫害发生率高于1的年份占14.3%。病虫害随生长期积温的升高略微增加。

7.4.2.2 降水

降水的持续时间和强度会影响土壤和空气的湿度。众所周知，湿度也是影响病虫害发生及流行与否的一个重要因素。大部分病害的发生和流行需要较高的湿度。菌核病和霜霉病流行的适宜相对湿度分别高于85%和90%。而干旱有利于病毒的流行。土壤湿度是影响大豆孢囊线虫害的最主要因素，土壤湿度60%～80%最有利于大豆孢囊线虫害的发生和流行。而大豆虫害的发生也需要适宜的湿度条件，且土壤湿度对地下害虫的影响更为显著。大豆红蜘蛛在相对湿度高于70%的条件下不易发生和流行。土壤含水量15%左右有助于大豆食心虫幼虫越冬，土壤含水量达到10%～30%有利于大豆食心虫化蛹。当土壤湿度小于5%时，大豆食心虫蛹则不能羽化，同样表层土壤干旱则会影响二条甲虫虫卵的孵化。

图7-24b是黑龙江省春大豆病虫害发病与生长期间降水之间的关系。可以看出，1986—2015年黑龙江省春大豆病虫害的发病率随着生长期降水量的增加而降低。最少的3个降水量301.8mm、321.93mm、334.14mm和3个最高降水量534.21mm、548.26mm和598.32mm对应的大豆病虫害发病率都大于1。这可能是少的降水量有助于虫害的发生而高的降水量有助于病害的发生以及真菌和孢子向四周传播。

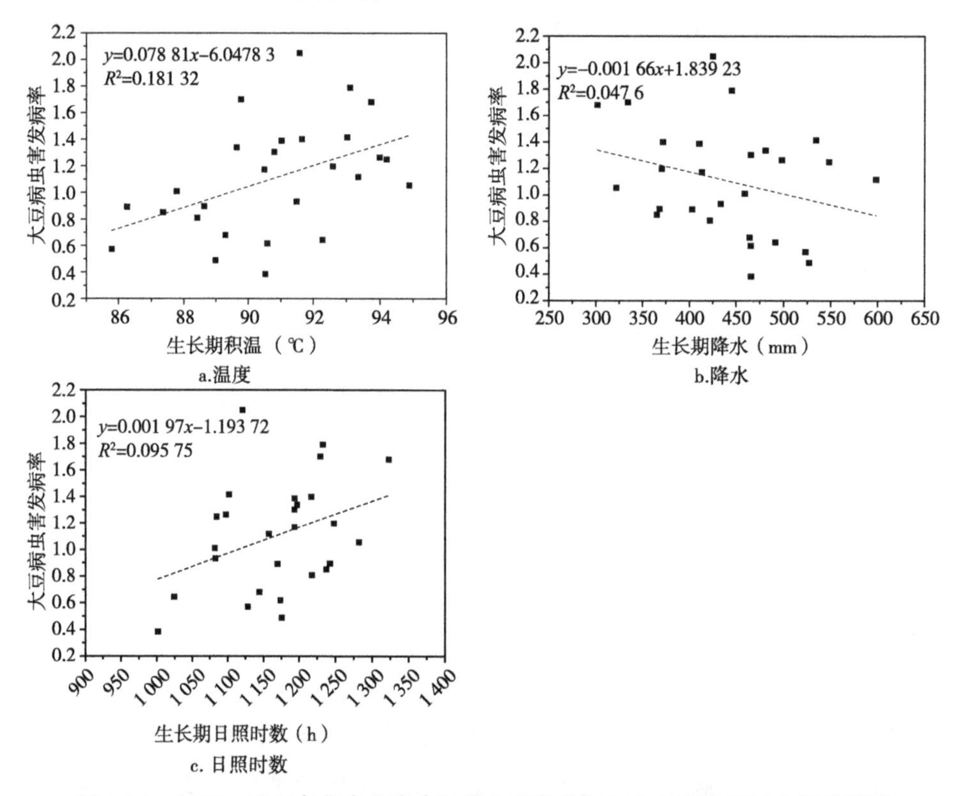

图7-24　1986—2015年黑龙江省大豆病虫害发病率（*I*）与气象因子之间的关系

Fig. 7-24　The relationship between meteorological factors to *I* value of soybean during panting period in Heilongjiang Province from 1986 to 2015

7.4.2.3　日照时数

日照时数的影响也是病虫害暴发需要考虑的原因。日照对害虫的影响主要体现在害虫的趋光性、取食、栖息、交尾及滞育和休眠等方面，如大豆双斑萤叶甲成虫具有弱的趋光性。高亚梅等（2018）利用宝泉岭管理局2008—2013年的大豆田间试验数据及1983—2013年的逐日气象资料，应用相关分析和通径分析方法研究了气象因素对大豆产量性状及病虫害的影响。研究结果表明，7月上中下旬、8月上旬日照时数与虫食率、细菌性斑点病、灰斑病显著负相关。究其原因，可能是生长季节的日照时间减少是由于阴天下雨造成的，在日照时数减少的同时，增加了大气、土壤的相对湿度，甚至是降低了环境温度，有利于灰斑病、菌核病等病害的发生和流行。但同时，大豆是喜光作物，光照不足会影响作物的光合作用，导致大豆抗病害的能力下降。例如，在黑龙江省，9月上旬的日照与虫食率是显著正相关的。

图7-24c是黑龙江省春大豆病虫害发病与生长期间日照时数之间的关系。可以看出，1986—2015年黑龙江省春大豆的病虫害发病率随着日照时数的增加以0.197/100h的速率增加。日照时间长，意味着少雨或阴雨天气少，光照充足有利于大豆生长，为虫害的繁殖以及迁徙提供了足够的寄居场所和食物来源。大豆蓟马虫害多发生在温暖、阳光充足、轻微干旱的年份。同时由于一些病害的传播媒介是害虫，如大豆病毒病的主要传播媒介是大豆蚜虫，当相对湿度超过80%时会导致蚜虫死亡，天气干旱则非常有利于蚜虫的生长和活动，同样也会导致该病大面积暴发的可能。

在黑龙江省春大豆虫害的面积是大于病害的发生面积的。平均虫害发生面积是病害的1.6倍左右。在1989年，发生虫害的面积更是高达病害面积的4.26倍。进入21世纪后，虫害与病害面积的比值比20世纪80年代和90年代有所减小，但除2005年、2009年和2015年等个别年份的比值小于1外，其他年份都是大于1的。因此总体来说，大豆病虫害的发生是随着降水的增加而降低，日照时数的增加而增加的。

7.4.3 大豆病虫害与气象因子的相关性分析

对大豆病虫害的发病情况与生长期间的气象因子累积温度（T）、累积降水量（F）和累积日照时数（S）进行多元线性回归，得到大豆病虫害发生率公式：$y_{病虫}=0.078\ 223T-0.000\ 782\ 323F+0.000\ 138\ 964S-7.274\ 51$（$R^2=0.342$）。SPSS相关性研究结果（表7-6）表明，大豆病虫害主要受生长期内温度和的影响，其影响在0.05水平上是显著正相关的。

表7-6　大豆病虫害*I*值与气象因子的相关性

Tab. 7-6　The relevance of meteorological factors to *I* value of soybean

	I	生长期内温度和（℃）	生长期内降水量（mm）	生长期内日照时数（h）
I	1			
生长期内温度和（℃）	0.461 3*	1		
生长期内降水量（mm）	−0.289 7	−0.003 7	1	
生长期内日照时数（h）	0.361 3*	0.060 4	−0.722**	1

注：*表示在0.05水平达到显著，**表示在0.01水平达到显著。

7.4.4　气候变化对大豆病害的影响

7.4.4.1　大豆病害发生情况及主要病害

目前黑龙江省大豆病害有25种，在全国植保专业统计资料中统计在册的有大豆锈病、大豆霜霉病、大豆病毒病、大豆菌核病、大豆根结线虫病、大豆根腐病、大豆灰斑病、大豆褐斑病、大豆细菌性叶斑病、大豆孢囊线虫病、大豆茎折病、大豆羞萎病12种。其中，对大豆为害较重的病虫害有大豆孢囊线虫病、大豆根腐病、大豆灰斑病、大豆褐斑病、大豆霜霉病，近年来又有一种新的病害为大豆疫霉根腐病。在2005—2015年，大豆根腐病、大豆孢囊线虫病、大豆菌核病、大豆霜霉病、大豆褐斑病和大豆灰斑病年平均发病面积分别为99.4万公顷次、30.56万公顷次、19.38万公顷次、15.70万公顷次、14.58万公顷次和14.21万公顷次，占病害发病的比重分别为：45.11%、13.87%、8.79%、7.13%、6.65%和6.45%。因此，近年来大豆根腐病和大豆孢囊线虫病是黑龙江省大豆主要病害。随着大豆品种、种植方式及植保技术的提高，这两种病虫害的发病面积呈减少趋势。大豆根腐病的发病面积由2005年的135.4万公顷次下降到2015年的52.6万公顷次，平均以11.35万公顷次/年的速率减少。大豆孢囊线虫的发病面积则以1.12万公顷次/年的速率降低。

7.4.4.2　大豆病害与气象因子的相关性分析

本部分利用近30年间可得的植保和气象数据，采用SPSS软件对大豆根腐病和大豆孢囊线虫病与生长期间各月份的气象因子的关系进行相关性研究，研究结果见表7-7。

表7-7 大豆根腐病和大豆孢囊线虫病与气象因子的关系

Tab. 7-7 The relevance of meteorological factors to root rot and cyst nematode of soybean

大豆根腐病					
	5月	6月	7月	8月	9月
温度（℃）	0.004 6	−0.570 4	−0.411 5	0.215 1	−0.092 8
降水量（mm）	−0.453 6	0.456 3	−0.248 9	−0.195 1	−0.525 3
日照时数（h）	0.463 9	−0.179 3	0.119 4	0.499 2	0.542 3
大豆孢囊线虫病					
	5月	6月	7月	8月	9月
温度（℃）	−0.638 7*	0.770 6**	0.544 3	0.172 3	0.323 0
降水量（mm）	0.632 5*	−0.851 1**	−0.426 4	−0.414 9	−0.142 7
日照时数（h）	−0.460 5	0.925 7**	0.262 0	0.250 1	−0.140 5

注：*表示在0.05水平达到显著，**表示在0.01水平达到显著。

由表7-7可知，平均温度对大豆根腐病的影响由大到小的月份依次为6月>7月>8月>9月>5月。平均降水量的影响由大到小的月份依次为9月>6月>5月>7月>8月。日照时数的影响由大到小的月份依次为9月>8月>5月>6月>7月。大豆根腐病主要与6月的温度，9月的降水量和日照时数有关，其中与6月的温度和9月的降水量是负相关的，与9月的日照时数是正相关的，但均未通过0.05水平的置信检验。

平均温度、降水量和日照时数对大豆孢囊线虫的影响由大到小的月份均为6月>5月>7月>9月>8月。因此大豆孢囊线虫与5月和6月的气象因子关系密切，其中与6月的气象因子关系最为密切，病害面积与平均温度、降水量和日照时数的相关系数分别为0.770 6、−0.851 1和0.925 7，其相关性在0.01水平上是显著的，日照时数对孢囊线虫发病率的影响最大。5月的温度对孢囊线虫的发病率有负效应，而降水则有助于该病害的发生。本月温度、降水量和病虫害的相关性在0.05水平上是显著的。

7.4.5 大豆虫害与气象因子的关系

7.4.5.1 大豆虫害发生情况及主要虫害

目前黑龙江省的大豆虫害有21种，在全国质保专业统计资料中统计在册的有大豆蚜虫、大豆食叶性害虫、大豆食心虫、豆秆黑潜蝇、豆蛍叶甲、双斑蛍叶甲、豆芫青、大豆草地螟、大豆土蝗、蛴螬、蝼蛄、金叶虫、地老虎、大豆豆荚螟、豆小卷叶蛾、大豆豆天蛾、烟粉虱、根绒粉蚧、大豆红蜘蛛及大豆其他虫害。统计的虫害基本完全覆盖了黑龙江省的大豆虫害。在众多虫害中，大豆蚜虫和大豆食心虫对大豆的为害最大。在1986—1994年，大豆蚜虫的年平均发生面积为19.07万公顷次，大豆食心虫的发生面积年均值48.31万公顷次，这两种虫害的面积分别占虫害面积的15.26%和38.64%。到了2005—2015年，大豆蚜虫和大豆食心虫的平均虫害面积分别为45.63万公顷次和77.75万公顷次，占虫害面积的18.47%和31.48%。食心虫害发生的比重降低，而蚜虫发生的比重增加。

7.4.5.2 大豆虫害与气象因子的相关性分析

本部分研究大豆蚜虫和大豆食心虫与温度、降水量与日照时数之间的关系。由于虫害涉及越冬，所以涉及上年的10—12月和当年的1—9月的气象因子的变化。

研究结果如表7-8所示。可以看出，温度对大豆蚜虫为害影响程度由大到小的前5个月份依次为：9月>6月>1月>7月>5月。降水量对大豆蚜虫为害影响的程度则依次为：3月>7月>9月>2月>6月。日照时数对大豆蚜虫为害影响的程度由大到小前5的月份依次为：8月>上年10月>2月>6月>上年12月。大豆蚜虫害的发生程度与当年9月的温度在0.01水平上是显著正相关的，相关系数为0.554 0。

温度对大豆食心虫虫害发生影响程度由大到小前5个月份依次为：上年10月>6月>9月>7月>3月。降水量对大豆食心虫虫害发生影响程度由大到小前5个月份依次为8月>上年12月>9月>3月>2月。日照时数对大豆食心虫虫害发生影响程度由大到小前5个月份依次为：8月>9月>3月>5月>7月。大豆食心虫与8月的日照时数在0.05水平上是显著正相关的，相关系数为0.423 3。

表7-8　大豆蚜虫与大豆食心虫虫害与气象因子的关系

Tab. 7-8　The relevance of meteorological factors toaphid and borer of soybean

大豆蚜虫												
月份	10	11	12	1	2	3	4	5	6	7	8	9
温度（℃）	0.074	0.003	0.069 9	0.258 6	0.060 8	−0.031 6	0.081 4	0.091 2	0.259 8	0.104 7	0.000 7	0.554 0**
降水量（mm）	−0.073	0.048 8	−0.091 6	0.197 3	0.282 0	0.367 2	0.073 65	0.133 7	−0.200 9	−0.353 1	−0.208 2	−0.297 3
日照时数（h）	−0.289 7	−0.075 8	0.232 0	−0.078 7	−0.285 4	0.062 0	0.140 0	0.000 8	0.245 9	0.126 9	0.335 1	0.061 1
大豆食心虫												
月份	10	11	12	1	2	3	4	5	6	7	8	9
温度（℃）	0.272 2	0.054 1	−0.006 2	−0.145 8	−0.159 5	0.163 5	0.152 0	0.055 5	−0.215 4	0.177 9	0.060 1	0.211 3
降水量（mm）	−0.097 2	−0.110 4	0.288 3	−0.038 1	−0.202 1	0.214 6	0.166 4	−0.052 8	0.078 3	0.023 7	−0.373 0	−0.259 3
日照时数（h）	0.041 33	0.126 4	−0.000 5	0.103 7	0.078 9	−0.263 5	−0.140 0	0.220 0	−0.078 2	−0.198 6	0.423 3*	0.388 3

注：*表示在0.05水平达到显著，**表示在0.01水平达到显著。

7.4.6 结论

本部分利用SPSS、Origin和Excel软件对可获得的黑龙江省大豆病虫害的植保数据和气象数据进行分析，得到如下结论。

（1）黑龙江省大豆播种面积和病虫害发生面积的年际变化分为两个阶段，在20世纪80年代中期到2000—2010年是增长期，其后则是下降阶段。病虫害发生面积年际变化符合公式：$y=24.960\,31x-49\,501.699\,26$（1986—2005年）和$y=50.166\,47x+101\,301.142\,3$（2006—2015年）。

（2）大豆病虫害发生率与温度、降水量和日照时数的关系符合公式$y_{病虫}=0.078\,223T-0.000\,782\,323F+0.000\,138\,964S-7.274\,51$。大豆病虫害发病率与生长期内的温度和日照时数均在0.05水平上是显著正相关的，相关系数分别为0.461 3和0.361 3，温度是影响大豆病虫害发生率的主要气象因子。

（3）大豆根腐病和孢囊线虫病是黑龙江省大豆常见主要病害。其发病面积呈减少的趋势。大豆根腐病主要与6月的温度，9月的降水量和日照时数有关，其中与6月的温度和9月的降水量是负相关的，与9月的日照时数是正相关的，但均未通过0.05水平的置信检验。大豆孢囊线虫与5月和6月的气象因子关系密切，其中与6月的气象因子关系最为密切，病害面积与平均温度、降水量和日照时数的相关系数分别为0.770 6、−0.851 1和0.925 7，其相关性在0.01水平上是显著的，日照时数对孢囊线虫发病率的影响最大。5月的温度对孢囊线虫的发病率有负效应，而降水量则有助于该病害的发生。5月温度、降水量和病虫害的相关性在0.05水平上是显著的。

（4）大豆蚜虫和大豆食心虫对大豆的为害最大。食心虫害发生的面积与虫害总面积的比重降低，而蚜虫发生的比重增加。大豆蚜虫虫害的发生程度与当年9月的温度在0.01水平上是显著正相关的，相关系数为0.554 0。大豆食心虫与8月的日照时数在0.05水平上是显著正相关的，相关系数为0.423 3。

8

黑龙江省农业适应气候变化策略

黑龙江省地处中国东北部，是中国纬度最高、经度最东的省份，南北跨10个纬度，东西跨14个经度，属于温带和寒温带大陆性季风气候，四季分明，夏季雨热同季，冬季漫长，农业生态系统脆弱，基础设施相对落后，极易受到极端天气、气候事件的影响。同时，黑龙江省的土地条件居全国之首，总耕地面积和可开发的土地后备资源占全国的1/10以上，人均耕地面积是全国水平的3倍左右。全省耕地面积1 719.5万hm^2，黑土、黑钙土和草甸土占耕地面积的60%以上，是世界著名的三大黑土带之一。大豆、玉米、水稻、小麦和马铃薯是黑龙江省主要的粮食作物，是我国主要的商品粮基地，粮食产量已经突破650亿kg，是我国粮食安全的压舱石。但因其位于中国高纬度地区，是对气候变暖反应最敏感的地区之一。随着黑龙江省灾害性天气发生频率增加及季节性变暖日益增大，水稻、玉米和大豆的越冬性病虫害发生频率不断加大，为害时期明显提前，气候边缘带作物的生长和成熟受到极端性天气事件影响，受灾面积正在逐渐扩大。气候变化会影响黑龙江省的农业生产，势必会对中国粮食安全保障带来严重的挑战。黑龙江省农业生产对气候变化的适应工作，增强适应能力，是当前黑龙江省农业生产面临的必然选择。

8.1 黑龙江省气候变化概况

温度、降水和日照时数等气象因子对农业生产的影响比较大，在全球变暖的大背景下，黑龙江省的气候在近30年内发生了明显的变化。

8.1.1 温度

温度是生物圈中生物存在的基本条件，影响温度的因素有很多种，其中气候的变化对温度的影响尤为突出。20世纪以来，世界人口剧增，特别是城市人口增加更快，使人类的工农业生产向自然界排放的温室气体越来越多。人类活动改变了温室气体的源和汇，生态环境的破坏，大量砍伐森林，破坏植被，直接减少了二氧化碳的汇；过多的开垦农用土地和发展畜牧业又增加了源。无论是自然还是人为因素都会造成大气中的二氧化碳、氮氧化物等温室气体的浓度呈现递增趋势，温室效应增强，从而使地表温度以及海面温度上升。全球气候变暖导致温度升高从各方面影响着每个系统。IPCC第五次评估报告指出，1880—2012年，全球地表平均温度大约升高0.85℃。全球气候变暖对人类以及其他种群、群落的生活产生一定的影响。第一，对动植物产生影响。一方面，自然界的动植物，尤其是植物群落，可能因无法适应全球变暖的速度而呈现出低适应性，危害种群和群落的生存；另一方面，气温的升温可能会使某些物种消失，而有些物种则从气候变暖中得到益处，使得它们的栖息地增加，竞争对手和天敌可能会减少。第二，农业结构因气候变暖的变化，从而使许多农产品贸易模式也会发生相应的变化。第三，全球温度升高将成为下个世纪人类健康的一个主要因素，极端高温将使人们对健康的困扰更加频繁、普遍。尤其是疟疾、霍乱等传染性疾病将危及热带地区和国家，给人们带来一定的健康影响和直接的经济损失。

近100年来，我国气候变暖趋势与全球一致，年平均地表温度明显升高。升温幅度介于0.5 ~ 0.8℃，且增温现象主要发生于夏季和冬季，冬季较为明显。1913年以来，我国地表平均温度上升了0.91℃，最近60年气温上升尤为明显，平均每10年约升高0.23℃。平均气温以及平均最高、平均最低气温均呈现上升趋势。其中北方和青藏高原地区的升温现象相比于其他地区较为突出，西南地区增温较缓或呈现降温趋势。由于年平均气温的不断升高，北方和青藏高原地区的农作物气候生长季明显变长。而就黑龙江省而言，在1986—2015年，其平均气温为3.43℃，平均气温自1986年以来气候倾向率为0.12℃/10年，呈增温的趋势。年平均温度的变化主周期为16年。1986—2015年黑龙江省年平均温度空间分布地理差异显著，规律明显。黑龙江省从南向北温度依次递减，体现出较明显的纬度地带性，不同纬度的年平均温度差别较大。其中处于东南方向的勃利、集贤、宝清、穆棱和宁安以及正北方向的泰来、龙江、肇源、安达、哈尔滨、双城和五常等地的年平均温度高于其他地区；泰来、哈尔滨、肇源等地的年平均温度均在5℃以上。

8.1.2 降水

水是大气环流和水文循环中的重要因子，也是支撑动植物生命活动、生存繁殖的重要物质。我国水资源特点如下：第一，水资源总量不少，但人均和单位耕地占有量不多；第二，水资源的时间分布不均匀，年内和年际变化较大；第三，水资源的空间分布不均衡，气候变化主要表现在温度上，而温度会对水环境产生直接或间接的影响。气候变化引起的气候变暖、降水变异、极端天气等现象，导致水资源在时间和空间上分布产生很大变化以及水资源总量有所改变。有关数据显示，1951—2009年，陆地表面平均温度虽然上升了1.38℃，但是全国降水量总体无明显趋势性，大部分地区降水日数减少，区域间变化趋势差异明显。东北地区年降水量呈略减少趋势，年降水日数和小雨日数均减少，中雨和大雨日数东多西少，暴雨日数南多北少。

黑龙江省位于我国东北地区，全省总面积4 707.0万hm^2，在1986—2015年黑龙江省的平均年降水量为522.08mm，人均占水量与亩均占有量均低于全国平均水平，水资源较不丰富。降水不足，降水量小于蒸发量，导致干旱增加，水资源减少。黑龙江省降水年际变化不大，其中2001年的降水量最少，1994年的降水量相对较丰富。黑龙江省的平均降水量自1986年以来气候倾向率为4.31/10年，且线性变化趋势较明显。黑龙江省的降水分布比较集中，60%以上的降水集中在夏季（6—8月），春季（3—5月）降水占总降水量的15.5%。冬季（12月至翌年2月）和秋季（9—11月）降水量分别占全年的19.25%和17.6%。由此可见，黑龙江省春季降水量最少，而4—5月是黑龙江省开始春种的季节，例如水稻4月中下旬开始育苗，5月中旬开始插秧，而玉米在5月开始播种，所以春季降水多数难以满足黑龙江省农业对降水需求，易发生春旱，尤其是黑龙江省的西南部地区尤为严重，素有“十年九春旱”的说法。黑龙江省的年降水量存在6年、16年和27年3个变化主周期。黑龙江省年降水量空间分布地理差异显著，以尚志市为中心，降水量向四周逐渐递减，体现出较明显的经度地带性，不同经度的降水量差别较大。黑龙江省西部地区年降水量比较低，嫩江市、安达县、富裕县、呼玛县、肇源县、泰来县、龙江县等地的降水量均低于500mm；中部地区降水量比较高，巴彦县、尚志市、方正县等地降水量均高于580mm，其中尚志市的降水量最高为638.36mm。

8.1.3 日照时数

日照是太阳辐射和太阳能最直观的表现，是形成气候条件的最主要因素，是农作物进行光合作用不可缺少的重要条件，同时也是储量最为丰富的可再生资源。研究日照时数的变化趋势，分析其变化的特点，对规划农业生产布局、指导农业生产具有重要的现实意义，同时也可为太阳能资源的开发利用提供科学依据。

黑龙江省太阳辐射资源丰富，与长江中下游差不多，年太阳辐射总量在（44～50）×10^8J/m^2。在1986—2015年，黑龙江省年日照时数在2 322～2 711h，30年平均日照时数为2 517.18h，年日照时数最多为2001年，日照时数为2 710.92h，最少发生在2015年，为2 322.95h，两者相差387.95h。近30年，日照时数以每年4.1h的速率减少，变化主周期为16年，56.67%的年份中的日照时数大于平均值。长日照时数集中在1995—2011年，在该时间段内76.5%的年份的日照时数高于年均值。黑龙江省的日照时数主要受季节的影响，春季最多，冬季最少。春（3—5月）、夏（6—8月）、秋（9—11月）和冬（12月至翌年2月）的日照时数分别为712.49h、707.54h、587.50h和509.64h，占总日照时数的28.3%、28.10%、23.34%和20.25%。1986—2015年，生长期间的日照时数为1 178.61h，占总日照时数的46.82%。

在黑龙江省31个站点中，有13个站点的日照时数小于2 500h，8个站点的日照时数大于2 500h，但小于2 600h，黑河的黑河、嫩江、德都，齐齐哈尔克山、龙江、泰来，绥化的青冈、安达、庆安，以及哈尔滨的双城等10个站点的日照时数在2 600～2 755h范围内变化。在1986—2015年，黑龙江省黑河德都、双鸭山饶河、伊春嘉荫、佳木斯富锦、哈尔滨双城和鸡西虎林6个站点的日照时数是增长的，其增长速率依次为鸡西虎林（24.4h/年）>哈尔滨双城（7.62h/年）>佳木斯富锦（5.56h/年）>伊春嘉荫（2.67h/年）>双鸭山饶河（2.59h/年）和黑河德都（1.18h/年）。其余80.6%的站点的全年日照时数变化与年代际变化趋势一致，是减少的，但减少的速率差异较大，其中哈尔滨市的日照时数下降速率最大，达到了16.29h/年，同样是该市的巴彦县的日照时数的减少速率最慢，为0.19h/年。

8.2 气候变化对黑龙江省农业的影响

气候变化对农业的影响，既有对农业生物体的直接影响，也有对农业生物体之外的农业各个方面的广泛的影响。因此，气候变化对农业的影响错综复杂，农业适应气候变化需要根据气候变化影响的具体问题制定有针对性的对策。

8.2.1 气候变化对粮食产量的影响

在1986—2015年，玉米、大豆和水稻的单位面积产量呈增加的趋势，其中，水稻单产增加更有规律，且增长速度最快。温度过高或过低都会影响粮食产量。高的玉米单产出现在2.7～4.2℃，且在2.7～2.9℃、3.1～3.5℃和4.0～4.2℃这3个温度范围内变化幅度较大。水稻单产在年平均温度1.8～5.0℃范围内比较离散，高的水稻单产出现在2.7～5.0℃，在此区间内，水稻产量在2.7～2.9℃、3.0～3.6℃和3.9～4.3℃这3个温度范围内变化幅度较大。大豆单产在年平均温度1.8～5.0℃范围内比较离散，其变化趋势以3.8℃为界，在1.8～3.8℃温度范围内，大豆产量随温度的增加而增加。当温度大于3.8℃时，呈相反变化。而对于5—9月而言，玉米单产在85～97℃范围内呈离散状态分布。而水稻单产在86～99℃范围内呈增加的变化趋势，高的大豆单产出现在89～94℃。

玉米单产随着降水量的增加呈增加趋势，在400～480mm、520～580mm和630～700mm，玉米产量的变化比较剧烈，数据比较集中。与玉米相反，大豆单产与生长期的降水量的关系要比与全年降水量的关系密切，大豆单产的变化主要集中在400～480mm、520～580mm和630～700mm。与大豆相似，水稻单产与生长期的降水量的关系要比与全年降水量的关系密切，单产随着年降水量的增加呈降低趋势，水稻单产的变化主要集中在400～500mm、510～580mm。

水稻、玉米和大豆的单产随着日照时数的增加均呈降低趋势。其中，水稻单产的变化主要集中在2 400～2 650h，大豆产量在1 190～1 270h变化幅度最大。玉米、水稻和大豆产量与生长期的日照、气温和降水的拟合比全年三因子平均值拟合度要好，日照对玉米产量的影响最为显著，呈显著负相关，在生长期期间，对水稻产量影响最显著的是温度，而全年以及生长期间的日照、降水和温度对大豆产量的影响都不明显。

8.2.2 气候变化对农业气象灾害的影响

在1980—2015年，2003年、2007年和2009年，黑龙江省农作物受灾面积较大，分别为665.9万hm^2、665.26万hm^{2}和739.4万hm^2，成灾面积分别为428.0万hm^2、318.73万hm^{2}和313.0万hm^2。Mann-kendall的分析表明，从1980—2015年，农业气象灾害的受灾率呈显著降低趋势。黑龙江省农业气象灾害呈周期性振荡变化，主要受5年和18年尺度振荡变化的控制。农业受灾率和受灾面积比重在黑龙江省的空间分布规律基本一致，在同一纬度上，二者均从东经121°11′～135°05′呈递减趋势，在同一经度上，从北纬43°26′～53°33′呈先增加后减小的变化，农业气象灾害主要集中在黑龙江省的西南部，黑龙江省中部次之，其次是西北、东南部地区，黑龙江省东北部地区的农业气象灾害最轻。

1980—2015年，黑龙江省因洪涝、干旱、风雹和低温冷害造成的年平均农业受灾面积分别为93.11万hm^2、181.51万hm^2、27.83万hm^{2}和19.75万hm^2，占农业总受灾面积的28.69%、55.92%、8.57%和6.08%，农业成灾面积分别为49.36万hm^2、89.01万hm^2、16.96万hm^{2}和11.11万hm^2，占农业总成灾面积的30.16%、54.39%、10.36%和6.79%。黑龙江省农业近30年来受干旱影响的面积最大，其次是洪涝灾害。黑龙江省西部和东北部易发生干旱，其中齐齐哈尔干旱的概率最高，其次是大庆、绥化、黑河西南部、佳木斯和七台河部分地区。干旱的变化主周期为14年，春旱以富裕、乌苏里江南端以及佳木斯为中心，分别向周围递减，其中齐齐哈尔中部地区春旱发生概率和危害最高，其次是鸡西市的东南部、大庆、绥化、黑河西南部、哈尔滨市南部和佳木斯市及周边地区，西部地区春旱的面积约为东部地区的2倍。而夏旱与干旱的空间分布基本一致，亦为西部和东北部高，中部低，表明夏旱在黑龙江省的农业生产中危害最大。总而言之，春旱和夏旱危害较大的地区有齐齐哈尔市、绥化、黑河西南部、佳木斯市及周边地区。需要在该地区做好水利基础设施建设，发展节水农业，推广节水技术，选育和推广抗旱品种，做好抗旱减灾的应急响应方案以及健全抗旱体系和相应的规章制度，尽量减轻旱灾的危害。

在1980—2015年，低温冷害和风雹受灾率分别以-0.11%/10年和

0.29%/10年的速率变化，但变化趋势均不明显。低温冷害受灾率在1990—2005年的波动幅度较大。而风雹受灾率在2002年受灾率较高。低温冷害受灾率于1982年、1983—1984年和2011—2012年发生突变。风雹受灾率的突变点位于1981—1982年、2001—2002年和2007年。低温冷害和风雹受灾率变化主周期分别为7年和19年。

8.2.3 气候变化对病虫害的影响

气候变暖影响害虫的越冬、迁徙和繁殖，并且导致病虫害种类和世代数增加、为害期延长、为害范围扩大，尤其是向北扩展蔓延趋势明显。1986—2015年黑龙江省玉米、大豆和水稻3种粮食作物的病虫害在年均温度2.7～4.3℃和生长期温度90～95℃范围内发病率比较高。低温不利于农作物病虫害的发生，当年平均温度低于2.7℃（生长期温度90℃）或高于4.3℃（生长期温度95℃）时，病虫害的发生受到抑制。当生长期内的积温高于89.6℃时，病虫害的发生概率较高且面积较大或为害程度较高。病虫害的发生与日照时数不是密切相关的，但在1 050～1 100h和1 180～1 250h范围内发生概率较高且面积较大。病虫害的发生面积与降水量和日照时数是正相关的。

近年来，黑龙江省玉米病害和虫害发生面积以101.21万hm^2/10年和206.57万公顷次/10年的速率增加。玉米病害以丝黑穗病和大、小斑病为主，2000年以来，大、小斑病发生面积比例不断增加，2015年发生面积占病害发生面积的60%以上；玉米虫害主要为玉米螟、地下虫害、玉米黏虫，以及玉米土蝗和玉米蚜虫等虫害。2000年以来，虫害发生所占比率下降至80%左右。日照与主要病虫害呈负相关关系，温度是玉米病虫害发生的主要控制因子之一，其变化与丝黑穗病、玉米螟、地下虫害等发生呈显著正相关，降水与玉米大、小斑病的发生达到极显著正相关。

水稻病虫害发病率在1986—2015年以0.21/10年的速率降低，发生面积与水稻种植面积的比随生长期内温度的增加呈下降趋势，随着生长期间降水量的增加是增大的，增大速率为0.000 5/mm，在日照时数为1 243h时，水稻病虫害发病率最高。水稻病虫害与温度负相关，与降水和日照时数是正相关的。稻瘟病和纹枯病是黑龙江省近年来水稻常见主要病害。稻瘟病与5月的降水是显著负相关的。而水稻纹枯病与8月的温度、9月的降水关系较为密切，均为负相关。水稻负泥虫、二化螟和水稻潜叶蝇是黑龙江省水稻的主要虫害。水稻负泥虫受前一年10月温度、4月降水和5月日照时数影响较大，水稻潜叶蝇则受1月和2月的温度、7月的日照时数的影响，水稻二化螟与3月的日照时数在0.05水平上为显著负相关。

黑龙江省大豆播种面积和病虫害发生面积的年际变化分为两个阶段，在20世纪80年代中期到2000—2010年是增长期，其后则是下降阶段。温度是影响大豆病虫害发生率的主要气象因子。大豆根腐病和孢囊线虫病是黑龙江省大豆主要病害，其发病面积呈减少的趋势。大豆根腐病主要与6月温度，9月降水和日照时数有关。大豆孢囊线虫受6月日照时数的影响最大。大豆蚜虫和大豆食心虫对大豆的为害最大。食心虫发生的面积与虫害总面积的比重降低，而蚜虫发生的比重增加。大豆蚜虫的发生程度与当年9月的温度是显著正相关的，大豆食心虫则主要受8月日照时数的影响。

8.2.4 气候变化对耕作制度的影响

种植制度是指一个地区或生产单位作物种植的结构、配置、熟制与种植方式的总体。气候变化改变了热量的时空分布，为达到农业生产的目标，需要一个动态的作物种植制度与气候条件相适应。受温度、技术、政策等多方因素的影响，黑龙江省主要粮食作物种植格局从以玉米、大豆、小麦为主演变成以玉米、水稻、大豆为主。喜温作物水稻的种植比重大幅度增加，种植北界已经达到呼玛等地。玉米由于水分的要求较水稻低，主要表现向北扩张趋势。大豆种植重心也呈现北移趋势，种植比重显著增加。按照《北方水稻低温冷害等级》（GB/T 34967—2017）的划分标准，黑龙江省约有1/2的区域位于水稻早熟区。如除去呼玛以北的地区，黑龙江约有1/3的地区处于水稻早熟区，2/3位于中熟区。在全球变暖的大背景下，黑龙江省的水稻种植区发生了北移，但因黑龙江省将进入降温阶段，所以需要适时调整种植结构和种植品种。

8.2.5 气候变化对农作物生产潜力的影响

气候生产潜力的时空变化规律不仅反映各气象因子与气候生产潜力之

间的配合协调程度，还能对粮食生产决策起到决定性的指导意义。气候变化导致热量、水分资源的改变和病虫害发生规律的改变，导致农作物生产潜力也发生了相应的改变。一方面，全球变暖导致大气中二氧化碳浓度升高，农作物光合速率增强，作物产量有所增加，农业生产能力提高。但是二氧化碳浓度的升高也会导致杂草丛生，对农作物的产量也会有所影响。另一方面，气温升高或降低也会对农作物产量产生一定影响。气候变化对农业生产能力的影响，一些地区是正作用，而另一些地区是负作用。1986—2015年作物生育期内黑龙江省气候生产潜力呈缓慢的降低趋势，变化趋势不显著，在7 012.143～11 680.771kg/（hm^2·年）变化，平均值为9 390.362kg/（hm^2·年）；1986—2015年生育期内黑龙江省气候生产潜力具有显著的多时间尺度特征，存在7年和10年的主周期以及16年的变化周期。黑龙江省生育期内气候生产潜力空间分布差异显著，以巴彦县为中心，气候生产潜力向四周逐渐递减，体现出较为明显的经度地带性，大部分地区热量条件相对充足，降水量是影响黑龙江省作物气候生产潜力的主要限制因子。

8.3 农业应对气候变化的主要策略

8.3.1 做好顶层设计、发挥政府职能

首先，做好顶层设计。气候变化和农业生产活动之间是相互影响的。农业生产活动会对气候产生扰动，而气候变化尤其是局域的气候变化则会影响当地的农业生产。如何减轻农业生产等人为活动对局域气候的影响，同时提高农业生产对气候变化的适应性，需要黑龙江省人民政府、农业等主管部门遵循国家可持续发展战略及气候的变化规律，结合黑龙江省现行农业发展战略中存在的问题，在气候变化的大背景下制定具有前瞻性的农业发展战略及相关政策和法规，保证相关措施能够得到有效的执行。制定规划、政策和法规时要从下而上做好调研，集思广益，统筹考虑不同地域的地形地貌、作物品种、耕作制度、气候和生态特点等，因地制宜地做好农业分区，并根据分区制定详细的发展目标和具体规划。

其次，大力推广节能减排的新技术。化石能源的开采和利用是导致气候

变化的主要原因。减轻人类对环境的影响，尤其是对气候的扰动，需要减少化石能源的使用，降低温室气体的排放。由于黑龙江省纬度高，冬季严寒漫长，传统的农业生产方式和取暖需求导致黑龙江省的耗能和碳排放比较高。因此，黑龙江省自“十一五”以来，在包括农业在内的各行业积极进行产业结构调整，切实推进节能减排工作，从而形成了各种节能减排技术和生产模式，如测土配方技术、精准施肥技术、水肥一体化技术、秸秆还田技术、农业废弃物无害化处理和资源化利用技术、保护性耕作技术等。政府职能部门应根据气候变化大背景下对农业生产的各种技术的发展要求和趋势，对黑龙江省应对气候变化的各项节能减排技术的现状和发展及时跟进、梳理和评估，筛选和凝练出成熟、有效的可大范围复制和推广的，具有一定先进性的技术成果和模式，制定农业应对气候变化的技术、模式及其节能减排情景和基线清单，优先推广本土应对气候变化效果好、示范性强的技术和模式。扩大应对气候变化研究范围，积极吸纳高校、科研院所、企业、行业联盟及创新平台等加入应对气候变化的各项技术的改革和创新当中，针对需求进行研究，研究结果能落地，实现产学研精密结合，减少人力、物力无所谓的空耗以及科研的假大空。

再次，强化数据支撑。细化和深入与应对气候变化有关的基础性研究工作，在此基础上研究和构建气候变化的预测和评估模型，为预先开展各种应对措施服务。为了验证评估模型的精确度和准确度，建设和完善支撑气候变化研究和应对的检测系统，通过系统检测结果反馈给预测模型，并进行及时修正。通过大数据和计算机技术建立气候变化和农业生产之间的联系，从而为顶层设计和各项决策提供科学、数据和理论依据。

最后，加强科普和宣传。应对气候变化各种技术的实施主体是基层科技工作者和农民。该人群的认识和思想觉悟影响顶层设计实施的效果。因此，政府和相关职能部门应通过电视、报纸、宣传画册等传统媒介以及快手、抖音、微信等新兴媒介，通过民众喜闻乐见、通俗易懂的形式对应对气候变化的意义、技术、模式等进行科普和宣传。同时通过田间地头的宣讲。实施案例的观摩、以点带面的推广示范等向大家宣传低碳农业、绿色农业、循环农业的相关知识，提高和激发其认识和应用相关技术的主动性和热情。

8.3.2 调整种植结构

第一，根据地区所处的积温带确定作物品种。温度是影响农业生产的主要因素之一，因此需要根据气候的变化尤其是积温的变化适时调整农作物种植制度和农业布局。首先，对不同积温带，通过调整该地区农作物的播种时期和收获期，尽可能地利用有效积温。黑龙江省共有6个积温带，从除低于1 900℃和高于2 700℃分别为第六和第一积温带外，将1 900～2 700℃分为4个积温带，每个积温带的温度跨度是200℃，种植品种、耕作时间和方式需要参照地域所处的积温带进行选择，并适当留有一定的余度（表7-1和表7-2）。

由表7-2可以看出，自2017—2020年黑龙江省主推高油、高蛋白和特用大豆，2017年第一积温带为例推荐的9个品种中，高蛋白品种4个，豆浆豆2个（东农豆251和东农豆252），其他常规品种3个，到了2020年，在该积温带推荐的品种除了有高蛋白和特用大豆外，还增加了高产和高油的大豆品种。经过多年的发展，品种也发生了相应的变化。同样在第一积温带，东农系列的有6个，占据了半壁江山，到了2021年，9个品种中东农系列有2个，黑龙系列3个，合农2个，绥农1个，垦豆1个，大豆品种市场呈现百花齐放的局面，大豆种植布局更为合理。从各品种特点可知，在第六积温带推荐种植的大豆品种具有好的抗低温的特性。

第二，根据地区的发展和气候特点，调整作物的种植比例和种植制度。对传统农作物种植的一元结构或二元结构进行调整和创新，形成粮食作物、经济作物和禽畜饲料作物协调发展、合理布局的三元结构。这样既能提高土地利用率，又能延长农作物对光热资源的利用时间。根据黑龙江省的种植特点和结构，可将全省划分为大小兴安岭的麦豆薯区、三江平原豆麦稻区、完达山西段低山丘陵的米豆烟区、张广才岭老爷岭山间河谷米豆稻烟果药区、小兴安岭西南山边豆米稻产区、 松嫩平原东南部米豆区、松嫩平原北部麦豆薯区和松嫩平原中南部和西部米谷杂豆区8个区。随着黑龙江省种植区积温变化、作物品种和种植技术的创新，该省的种植结构发生了明显的变化。小麦和大豆的种植面积逐渐缩减，种植区域逐渐减小，而玉米和水稻的种植面积和种植范围不断扩大。1986年，黑龙江省水稻、玉米、小麦和大豆的种植面积分别为50.7万hm^2、168.9万hm^2、169.9万hm^2和219.7万hm^2，

表7–1　黑龙江省农业农村厅推荐的主要农作物推荐品种（2020年）

积温	推荐品种		
	水稻	玉米	大豆
≥2 650℃	龙稻18、五优稻4号、龙洋16、松粳16、松粳19号、松粳22、松粳28、龙稻21、吉源香1号	先玉335、翔玉998、华农887、龙垦10	东农55、黑农52、东农豆251、黑农69、黑农62、合农71
2 500～2 650℃		龙单90、龙单96、敦玉213、先玉696、京农科728、嫩单19	
第二积温带	龙庆稻21、龙粳21、三江6号、盛誉1、绥粳16、绥粳18、绥粳22、齐粳10	龙单86、益农玉10号、东农264、龙育10、富尔116、龙单83	合农75、合农76、黑农84、绥农26、垦豆43、东生3、绥农42、黑农48、绥农52
第三积温带	龙粳29、龙粳31、龙粳39、龙粳46、龙粳57、绥粳15、绥粳27、龙庆稻3号、莲育124	东农254、德美亚3号、龙福玉9号、克玉19、合玉27、益农玉12	合农69、绥农44、东生7、东农60、北豆40、东生1号、绥农38、绥农76
第四积温带	龙庆稻5号、龙粳47、龙庆稻20、龙粳61、龙粳69	福瑞尔1号、德美亚1号、东农257、先达101、垦沃2号、克玉17	黑河43、合农95、金源55、黑河52、东农63、合农73、克山1号、贺豆1
第五积温带			黑河45、嫩奥5、华疆4号、昊疆2号、圣豆43、北豆53、北豆42、黑科59
第六积温带			华疆2号、黑河35、北兴1号、北豆43、昊疆1号、黑科56、黑河49

表7-2 黑龙江省大豆推荐品种

积温带	品种特点	推荐品种			
		2017	2018	2019	2020
一	高油				黑农69
	高蛋白	东农55、东农42、东农57、润豆1号	东农55、东农42、东农57、润豆1号	东农55、东农42、东农57、润豆1号	东农55
	高产				合农71
	特用	东农豆251、东农豆252	东农豆251、东农豆252	东农豆251、东农豆252	东农豆251
	其他	东农52、黑农52、黑农51	东农52、黑农52、黑农51	东农52、黑农52、黑农51	黑农52、黑农62
二	高油	绥农36、绥农35、合丰55、合丰50	绥农36、绥农35、合丰55、合丰50	绥农36、绥农35、合丰55、合丰50	合农75、绥农26、垦豆43
	高蛋白	黑农48、东农48、宾豆1号、垦农30、龙豆1号	黑农48、东农48、宾豆1号、垦农30、龙豆1号	黑农48、东农48宾豆1号、垦农30、龙豆1号	合农76、黑农48
	其他				黑农84、东生3、绥农42、绥农52
三	高油	绥农38、北豆40、东生7	绥农38、北豆40、东生7	绥农38、北豆40、东生7	合农69、东生7、北豆40、绥农38
	高蛋白	东农60	东农60	东农60	东农60、绥农76
	高产	东生1号	东生1号、	东生1号	东生1号
	其他	黑河48、绥农44、东农63	黑河48、绥农44、东农63	黑河48、绥农44、东农63	绥农44

（续表）

积温带	品种特点	推荐品种			
		2017	2018	2019	2020
四	高油	克山1号	克山1号	克山1号	克山1号
	高蛋白	金源55	金源55	金源55	金源55、贺豆1
	高产				合农73
	其他	黑河43、黑河52、合农95、黑河38、广石绿大豆1号、圣豆15	黑河43、黑河52、合农95、黑河38、广石绿大豆1号、圣豆15	黑河43、黑河52、合农95、黑河38、广石绿大豆1号、圣豆15	黑河43、合农95、黑河52、东农63
五	高油	华疆4号、东农49、北豆53	华疆4号、东农49、北豆53	华疆4号、东农49、北豆53	华疆4号、北豆53
	高蛋白	圣豆43、昊疆2号、黑河45	圣豆43、昊疆2号、黑河45	圣豆43、昊疆2号、黑河45	黑河45、昊疆2号、圣豆43
	其他	北豆42	北豆42	北豆42	嫩奥5、北豆42、黑科59
六	高蛋白	圣豆44、昊疆1号	圣豆44、昊疆1号	圣豆44、昊疆1号	昊疆1号
	其他	华疆2号、北豆36、北豆43、黑河35、北兴1号	华疆2号、北豆36、北豆43、黑河35、北兴1号	华疆2号、北豆36、北豆43、黑河35、北兴1号	华疆2号、黑河35、北兴1号、北豆43、黑科56、黑河49

耕种面积比重分别为5.72%、19.04%、22.20%和24.77%。五常、绥化、庆安、木兰和铁力为主要的水稻种植区，嫩江、宝清、德都、虎林、讷河、富锦和依安是黑龙江省主要的小麦产区，玉米产区主要为北安、双城、肇东和龙江，而嫩江、宝清、富锦、讷河、虎林和海伦是主要的大豆生产区。近年来为了解决秸秆处理难的问题，根据《全国种植业结构调整规划（2016—2020年）》，黑龙江省积极调整了镰刀湾地区玉米的种植比重，扩大其他作物的种植面积，取得了显著的效果。到2020年，黑龙江省水稻、小麦、玉米和大豆种植比重分别变为22.52%、0.28%、31.88%和28.10%，水稻所占比重大幅度上升，小麦的种植比重下降迅速。水稻的主产区变为佳木斯、哈尔滨和鸡西，玉米主产区则为哈尔滨、齐齐哈尔和绥化，大豆的主产区为黑河、齐齐哈尔和绥化，黑河、双鸭山和大兴安岭是小麦主产区。水稻、小麦、玉米和大豆的种植比重由1986年的71.73%增加到2020年的82.78%，经济作物的种植比重反而下降。因此下一步黑龙江省需要扩大瓜果、蔬菜、亚麻、药材等经济作物的种植面积，降低玉米的种植面积，增加小麦和大豆的种植比重。

由于黑龙江地处高纬度，农作物是一年一熟，随着育种和种植新技术的出现，使一年两熟成为可能。例如在黑龙江省南部大多数马铃薯种植区，采用早熟的马铃薯品种，辅以覆膜种植技术，马铃薯收获后还可以再种一茬秋菜，提高了土地利用率。在大豆主产区，可以采用玉米、小麦和大豆轮作，大豆玉米、大豆杂粮、大豆马铃薯等轮作体系，合理利用土地，减少病虫害的发生。对于黑龙江省内畜牧产业发达的地区，多发展畜禽饲料作物的种植，解决畜禽饲料短缺的问题。通过推广利用新技术、新品种，改变耕作制度，可以增强黑龙江省农业应对气候变化的能力。

8.3.3 选育抗性新品种

气候变化影响农作物质量及产量，对原有的农作物造成减产或者其他灾害。因此，应该针对不同地区、不同气候影响下的不同农作物，应用先进的技术手段，引进、筛选或培育适应性好、抗逆性强、可大范围推广的新品种。黑龙江省的农业科研人员在该方面做了大量的研究工作，并根据气候特点和实际需求开发研制了大量的良性新品种。自中华人民共和国成立以来黑龙江省累计审定水稻品种约400个，其中，绥粳11具有耐低温冷害、稻瘟病抗性强等特点，是黑龙江省水稻抗病、耐冷育种的主要种质资源。龙粳1951、垦稻1927、绥粳329等品种的耐寒性好，可在黑龙江省北部高纬度地区如逊克县、五大连池、嫩江市等进行推广和种植。在第二积温带内垦稻34的抗瘟性高于其他常用品种，在第三积温带内抗瘟性较好的品种为龙粳20，在第四积温带内抗瘟性较好的水稻品种为龙粳67。在同一个种植区域内龙粳20与龙粳57、龙粳31与龙粳43、龙粳40与龙粳57、龙粳43与龙垦202搭配种植抗瘟病的效果较好。

对玉米品种而言，农华301、合玉29和东利558对丝黑穗病是高抗的。天农9和先达203高抗大斑病。先玉335和乾玉198的倒伏率、倒折率都较高。富尔1号、福园2号、龙单38、北单3号和金庆707是多抗品种，对大斑病、灰斑病、穗腐病和茎腐病均是中抗以上。黑龙江省农业科学院玉米研究所育成的龙高L2，抗倒伏，有较好的抗旱、抗逆性，高抗大斑病、丝黑穗病、瘤黑粉病和青枯病。嫩单15号和益农玉10号具有较好的抗旱性，可在拜泉等干旱和半干旱地区进行大面积种植。对大豆而言，黑龙江省在1990—2015年审定了278个大豆品种。在全省6个积温带都有种植。科研工作者针对干旱和半干旱地区培育了绥字、黑农、合丰系列及小粒型等抗旱性较强的大豆品种。芽期耐旱和较耐旱型品种有绥农10、绥农22、绥农28、绥农30、黑农61、黑农64、黑农65、合丰48、龙小粒2号等，且合丰、绥农及黑农系列品种苗期抗旱性较强。合丰48、绥农28、龙小粒2号、黑农65、黑农61和黑农64的综合抗旱性较强。合农60、黑河43和金源55等具有较强的抵御低温的能力。

8.3.4 加强农业基础设施建设

由于农业基础设施多为公共产品，其投资时间长、回收速度慢、社会资金投入少，在黑龙江省投资和建设主要靠政府。水利设施是抵御农业洪涝灾害非常重要的基础设施，从国家到地方都非常注重大中型水利设施的建设，但对小型农田水利设施建设重视程度不够。2010—2012年，黑龙江省的水利建设发展迅速，抗旱能力增加。水库数量由2010年的913座，迅速增长到2012年的1 148座，水库容量由2010年的1 787 011万m^{3}增长到2012年的

2 778 967万m^3。有效灌溉面积由378.52万hm^2增加到477.65万hm^2。2012—2015年，水库个数保持稳定，在1 140座左右，水库容量2 713 743万m^3，有效灌溉面积为550多万公顷。2016年之后黑龙江省水库的数量开始下降，由1 130座下降到2019年的为973座，水库容量减少到268 399万m^3，但有效灌溉面积增加到了617.76万hm^2，占耕地面积的38.99%。2010—2019年除涝面积在333.5万～420.7万hm^2，变化不明显。因此，从这些数据可以发现，在有农水利设施的地区还存在水利配套不达标、不完善，在工程竣工后利用率低于预期，出现“大马拉小车”的问题。早期建设的水利基础设施已老化严重，运行及维护成本越来越高，已不能满足现阶段黑龙江省农业生产的需求。

因此需要从以下几个方面进行改善，一是加大对农业基础建设的资金投入，拓宽融资渠道，革新融资方式，设立专用资金账户，专款专用。二是结合农业供给侧结构性改革，做好顶层设计，科学布局，合理规划，改善基础建设布局不合理的局面，平衡大、中、小型基础设施的资金投入比例，推进农业基础设施建设健康有序运行。三是对现有的农业基础设施及时进行维护、检修和升级改造，延长其使用寿命。淘汰落后的、损毁严重无维修利用价值的基础设施，确保基础设施能够正常发挥其功能。四是积极发展节水农业。在干旱、半干旱地区发展节水灌溉工程，例如应用的推广膜下滴水等节水灌溉技术，能达到减少土壤中水分蒸发、提高地温及增加土壤有机质的目的，还可解决长年性干旱问题。同时，要积极发展节约型农业，推广先进的机械化精量点播技术、农田节水栽培技术、综合防治和生物防治技术等，推动黑龙江省农业的可持续发展。

8.3.5 完善农业气象灾害和病虫害等的监控预警体系

在全球气候变暖等气候影响下，农业生产中出现了旱涝、病虫害等现象，且灾害逐年增大，农业损失巨大。尤其要针对黑龙江省一些重大农业区，完善其农业灾害相关的监测体系，建立制度完善防旱抗涝、抵御病虫害等各种灾害的应急预案。2011年，黑龙江省启动了“黑龙江省稻瘟病乡村监测网络建设项目”，开始建立全省稻瘟病监测网络以及监测预警体系。到2021年，建设乡村监测网点3 000个，基本实现网格化全覆盖，可监测130多种病虫害疫情，基本覆盖了黑龙江省重要的病虫害。2021年累计收集调查信息681.6万条，为病虫害的防治发挥了积极作用。但目前该检测网络布点较少，网格间距较大，影响了对局部小范围病虫疫情监测及预测的及时性、准确性，因此还需增加监测点数量，加密监测网格，充分利用遥感等新技术、成像及图像分析等新装备，提高监测的范围和精准度，及时将新发现的病虫害纳入监测和预报范围内，并将蔬菜、瓜类等经济小宗作物的监控纳入监测范围。同时加大经济投入和政策支持，做好人员的培训工作。

黑龙江省是气象灾害多发区，为了减轻农业气象灾害的影响，黑龙江省非常重视气象灾害的监测和预防工作，先后出台了《黑龙江省气象灾害防御条例》《黑龙江省气候资源探测和保护条例》等多个法规和制度。2021年底，黑龙江省依据国家和本省相关的政策法规、条例和预案等的规定制定和发布了《黑龙江省气象灾害应急预案》，对气象灾害的级别，监测、预警、响应等均做了详细的规定。经过多年的发展，黑龙江省在该方面已经建立了比较完善的监测网络和预警应急的人员队伍。但是受地域和当时设备技术的制约，监测点设置数量较少，网格间距过大，监测数据数量和精度有限，不能满足局域中小尺度的监测和预测的需求。因此，还需加密监测网格，提高监测点的软硬件水平，充分利用新的检测系统、气象卫星工程、预报预警体系等，完善监测网络，提高监测和预警能力。培训和招纳气象及农业专业领域的人才，形成农业气象灾害预警应对专业人才库，形成强大的智力支撑，提高农业气象灾害预测的准确性和精度。

参考文献

安芷生，2004. 中国北方干旱化的历史证据和成因研究[M]. 北京：气象出版社.

白美兰，郝润全，沈建国，2008. 近46年气候变化对呼伦湖区域生态环境的影响[J]. 中国沙漠，28（1）：103-107.

白琦瑛，2020. 农业可持续发展要做好气候变化的应对措施[J]. 中国合作经济（7）：6-8.

包刚，覃志豪，周义，等，2012. 气候变化对中国农业生产影响的模拟评价进展[J]. 中国农学通报（2）：303-307.

蔡沁男，2021. 气候变化对中国农业生产影响及发展对策[J]. 农业开发与装备（6）：121-122.

陈斗升，胡伯海，2003. 中国植物保护五十年[M]. 北京：中国农业出版社.

陈广义，2019. 大豆灰斑病发生特点及抗病遗传育种研究进展[J]. 黑龙江科学，10（16）：42-43.

陈广洲，李鑫海，焦利锋，等，2017. 2000—2012 年淮南煤矿区植被净初级生产力的时空变化特征[J]. 生态环境学报，26（2）：196-203.

陈红，张丽娟，李文亮，等，2010. 黑龙江省农业干旱灾害风险评估与区划研究[J]. 中国农学通报，26（3）：245-248.

陈辉，于向云，王志强，2001. 河南近10年主要农业灾害及其影响[J]. 河南气象（2）：28-29.

陈继光，宋显东，王春荣，等，2017. 黑龙江农作物病虫害在线监测管理系统开发与应用[J]. 中国植保导刊，37（8）：24-30.

陈井生，2019. 黑龙江省大豆胞囊线虫毒力类型分析及品种抗性研究[D]. 沈阳：沈阳农业大学.

陈可心，2015. 1971—2014年黑龙江省水稻低温冷害的研究[J]. 黑龙江气象，

32（1）：29-32.
陈璐，陈杉，2020. 粮食主产区利益补偿政策实施效果分析——以黑龙江省为例[J]. 商业经济（11）：56，58.
陈明，寇雯红，李玉环，等，2017. 气候变化对东北地区玉米生产潜力的影响与调控措施模拟—以吉林省为例[J]. 应用生态学报，28（3）：821-828.
陈明荣，龙斯玉，1984. 中国气候生产潜力区划的探讨[J]. 自然资源（3）：72-79.
陈娅娟，王丽娜，孙志琴，2020. 农业气象灾害预警现状及预警机制的完善策略[J]. 河北农机（7）：10.
陈子刚，代滢芸，2017. 2016年黑龙江玉米市场分析报告[J]. 黑龙江粮食（5）：18-21.
代滢芸，2018. 2017年黑龙江省水稻市场分析报告[J]. 黑龙江粮食（5）：15-18.
党安荣，阎守邕，吴宏歧，等，2000. 基于GIS的中国土地生产潜力研究[J]. 生态学报（6）：910-915.
邓聚龙，1986. 灰色预测与决策[M]. 武汉：华中理工大学出版社.
邓振镛，张强，徐金芳，等，2008. 全球气候增暖对甘肃农作物生长影响的研究进展[J]. 地球科学进展（10）：1070-1078.
丁梅，王会肖，马美红，等，2017. 基于降水距平百分比指标的哈尔滨市旱情分析[J]. 节水灌溉（7）：114-118.
董雪，刘畅，张仕颖，等，2018. 基于农业供给侧改革的黑龙江省农业种植结构调整研究[J]. 黑龙江八一农垦大学学报，30（1）：92-95，122.
杜春英，宫丽娟，张志国，等，2018. 黑龙江省热量资源变化及其对作物生产的影响[J]. 中国生态农业学报，26（2）：242-252.
范书杰，2015. 气候变化对我省农作物种植结构的影响[J]. 农民致富之友（7）：15.
封志明，杨艳昭，游珍，2014. 中国人口分布的水资源限制性与限制度研究[J]. 自然资源学报，29（10）：1637-1648.
付佳，安增龙，2021. 黑龙江省种植业结构调整经济效益评价[J]. 浙江农业科学，62（3）：623-626，631.

傅小琳，2015. 气候变化对临朐玉米、小麦部分病虫害发生规律的影响[D]. 泰安：山东农业大学.

盖志佳，刘婧琦，蔡丽君，等，2021. 大豆低温冷害研究进展及防控技术[J]. 农学学报，11（1）：7-10，16.

高亮之，金之庆，郑国清，等，2000. 小麦栽培模拟优化决策系统（WVSOD）[J]. 江苏农业学报（2）：65-72.

高世伟，聂守军，刘晴，等，2019. 优质、抗逆、香型水稻新品种绥粳28的选育及应用前景分析[J]. 中国稻米，25（4）：106-108.

高素华，潘亚茹，郭建平，1994. 气候变化对植物气候生产力的影响[J]. 气象（1）：30-33.

高亚梅，韩毅强，王玉阳，等，2018. 气候条件与大豆主要产量性状及病虫害发生相关性分析——以宝泉岭管理局为例[J]. 黑龙江八一农垦大学学报，30（4）：26-31.

高永刚，那济海，顾红，等，2007. 黑龙江省气候变化特征分析[J]. 东北林业大学学报，35（5）：47-50.

葛亚宁，刘洛，徐新良，等，2015. 近50年气候变化背景下我国玉米生产潜力时空演变特征[J]. 自然资源学报，30（5）：784-795.

顾金普，王双银，龚家国，等，2017. 黑龙江省降水及旱涝时空演变特征[J]. 水电能源科学，35（2）：17-20.

顾鑫，丁俊杰，杨晓贺，等，2017. 气象因子对寒地水稻鞘腐病发生的影响[J]. 中国稻米，23（6）：64-65.

郭春明，任景全，刘玉汐，等，2018. 气候变化背景下吉林省春玉米冷害特征研究[J]. 中国农学通报，34（7）：104-110.

郭丽娜，张立新，2014. 黑龙江省农业气象灾害动态特征及其对粮食生产的影响[J]. 潍坊工程职业学院学报，27（4）：72-77.

郭美玲，郭泰，王志新，等，2020. 黑龙江省主推高产大豆品种及产量提升的关键技术[J]. 种子科技，38（24）：38-41，44.

韩新华，马淑梅，付雪，等，2019. 东北春大豆抗旱品种根系特征的研究[J]. 中国农学通报，35（12）：34-39.

贺伟，布仁仓，熊在平，等，2013. 1961—2005年东北地区气温和降水变化趋势[J]. 生态学报，33（2）：519-531.
黑龙江省统计局，1994—2014. 黑龙江统计年鉴[M]. 北京：中国统计出版社.
黑龙江省统计局，国家统计局黑龙江调查总队，2015. 黑龙江统计年鉴[M]. 北京：中国统计出版社.
黑龙江省统计局，国家统计局黑龙江调查总队，2018. 黑龙江省统计年鉴[M]. 北京：中国统计出版社.
侯伟芬，王谦谦，2004. 江南地区近50年地面气温的变化特征[J]. 高原气象（3）：400-406.
侯西勇，2008. 1951—2000年中国气候生产潜力时空动态特征[J]. 干旱区地理，31（5）：723-730.
侯学然，王荣升，2021. 五常市特色水稻品种的历史与现状研究——从松93-8到稻花香2号[J]. 中国种业（3）：16-18.
侯依玲，李栋梁，施雅风，等，2005. 50年来中国东北及邻近地区年降水量的年代际异常变化[J]. 冰川冻土，27（6）：839-845.
胡亚男，2015. 1978—2008年中国十省主要农业气象巧害风险评估[D]. 南京：南京农业大学.
胡毅鸿，李景保，2017. 1951—2015洞庭湖区旱涝演变及典型年份旱涝急转特征分析[J]. 农业工程学报，33（7）：107-115.
黄俊梅，2010. 黑龙江省农业旱涝灾害经济损失评估研究[D]. 哈尔滨：东北林业大学.
黄祖辉，2021. 探寻双循环新格局下应对气候变化与农业高质量转型发展之路[J]. 西北农林科技大学学报（社会科学版），21（2）：161.
霍志国，李茂松，王丽，等，2012. 降水变化对中国农作物病虫害的影响[J]. 中国农业科学，45（10）：1935-1945.
姜丽霞，李帅，申双和，等，2010. 近46年黑龙江水稻障碍型冷害及其与气候生产力的关系[J]. 大气科学学报，33（3）：315-320.
姜灵峰，崔新强，2016. 近20年我国农业气象灾害变化趋势及其原因分析[J]. 暴雨灾害，35（2）：102-108.
姜晓东，2021. 低碳农业发展影响因素及路径探究[J]. 中国集体经济（20）：11-12.

蒋红花，2000. 山东省干旱灾害的变化特征及相关分析[J]. 灾害学，15（3）：51-55.
蒋丽霞，王萍，李帅，等，2011. 黑龙江省土壤湿度的气候响应及其与大豆产量的关系[J]. 干旱地区农业研究，29（1）：34-39.
金之庆，葛道阔，石春林，等，2002. 东北平原适应全球气候变化的若干粮食生产对策的模拟研究[J]. 作物学报（1）：24-31.
靳春香，王秀茹，王希，等，2015. 黑龙江省近50年降水变化趋势及空间分布特征[J. 中国水土保持科学，13（1）：76-83.
靳学慧，李彩华，郑雯，等，2004. 对黑龙江省主要农作物病害发生趋势的分析[J]. 黑龙江八一农垦大学学报，16（4）：1-4.
琚彤军，石辉，胡庆，2008. 延安市近50年来降水特征及趋势变化的小波分析研究[J]. 干旱地区农业研究，26（4）：230-235.
亢艳莉，2007. 气候变化对宁夏农业的影响[J]. 农业网络信息（6）：125-126，128.
乐小芳，陈佳淳，苗璐，2020. 农业土壤碳汇研究综述[J]. 农业与技术，40（22）：8-10.
冷疏影，1992. 地理信息系统支持下的中国农业生产潜力研究[J]. 自然资源学报（1）：71-79.
李柏贞，周广胜，2014. 干旱指标研究进展[J]. 生态学报，17（5）：1043-1052.
李春强，杜毅光，李保国，2010. 1965—2005年河北省降水量变化的小波分析[J]. 地理科学进展，29（11）：1340-1344.
李浩南，2015. 气候变化对黑龙江省水稻生产的影响及应对措施[J]. 科技创新与应用（22）：282-284.
李金霞，何长安，王海玲，等，2020. 黑龙江省玉米产业发展现状及展望[J]. 农业展望，16（1）：67-70.
李莉，周宏飞，包安明，2014. 中亚地区气候生产潜力时空变化特征[J]. 自然资源学报，29（2）：285-294.
李庆，尚杰，于法稳，2008. 黑龙江省尚志市农业可持续性评价[J]. 生态经济（4）：91-94，101.

李秋红. 水稻叶鞘腐败病发生规律及防治技术[J. 农民致富之友（19）：35.
李淑华，1992. 气候变暖对我国农作物病虫害发生、流行的可能影响及发生趋势展望[J]. 中国农业气象（2）：46-49.
李天霄，付强，孟凡香，等，2017. 黑龙江省降水变化趋势及其对农业生产的影响研究[J]. 灌溉排水学报，36（5）：103-108.
李铁男，李莹，郎景波，2010. 黑龙江省旱灾对粮食安全影响的分析研究[J]. 节水灌溉（12）：84-86.
李彤霄，2015. 河南省气候变化对大豆生育期的影响研究[J]. 气象与环境科学，38（2）：24-28.
李文枫，毕洪文，黄峰华，等，2020. 黑龙江省水稻产业发展现状及展望[J]. 农业展望，16（12）：48-53，64.
李文亮，张丽娟，张冬有，等，2009. 黑龙江省低温冷害时空分布规律与发生预测研究[J]. 干旱区资源与环境，23（7）：20-24.
李晓莉，2019. 农业气象灾害监测预测技术研究进展[J]. 农业与技术，39（12）：141-143.
李秀芬，陈莉，姜丽霞，2011. 近50年气候变暖对黑龙江省玉米增产贡献的研究[J]. 气候变化研究进展，7（5）：336-341.
李祎君，王春乙，2010. 气候变化对我国农作物种植结构的影响[J]. 气候变化研究进展，6（2）：123-129.
李祎君，王春乙，赵蓓，等，2010. 气候变化对中国农业气象灾害与病虫害的影响[J]. 农业工程学报，26（S1）：263-271.
李元鑫，胡向东，周慧，等，2021. “粮改饲”政策实施现状与未来发展路径选择——以黑龙江省为例[J]. 中国食物与营养，27（2）：5-10.
历超，董洋，阮多，2017. 黑龙江省干旱灾情概要[J]. 现代农业（6）：45-46.
厉君，姚丽娟，2021. 基于不同工艺技术处理医院废水与废物处置研究[J]. 环境科学与管理，46（6）：104-107.
梁瑞龙，蒋炎炎，朱积余，1998. 广西植被潜在生产力的估算[J]. 广西林业科学，27（2）：68-74.
廖玉芳，宋忠华，赵福华，等，2010. 气候变化对湖南主要农作物种植结构的影响[J]. 中国农学通报，26（24）：276-286.

林而达，许吟隆，蒋金荷，等，2006. 气候变化国家评估报告——气候变化的影响与适应[J]. 气候变化研究进展，2（2）：51-56.

林而达，张厚宣，王京华，1997. 全球气候变化对中国农业影响的模拟[M]. 北京：中国农业科技出版社.

刘宝海，高世伟，聂守军，等，2021. 2009—2018年黑龙江省审定的常规粳稻品种综合评价[J]. 华中农业大学学报，40（2）：112-122.

刘布春，王石立，庄立伟，等，2003. 基于东北玉米区域动力模型的低温冷害预报应用研究[J]. 应用气象学报，14（5）：616-625.

刘春来，杨帆，王爽，等，2020. 黑龙江省不同积温带种植玉米品种对四种病害的抗性鉴定与评价[J]. 黑龙江农业科学（4）：47-52.

刘佳，衣志刚，董志敏，等，2021. 2016—2019年北方春大豆参试品种（系）花叶病和灰斑病抗性鉴定及分析[J]. 大豆科学，40（1）：130-141.

刘立君，2015. 气候变化对玉米病虫害产生的影响[J]. 中国农业信息（9）：85.

刘念析，衣志刚，王博，等，2021. 东北地区大豆种质对灰斑病抗性评价与农艺性状分析[J/OL]. 分子植物育种：1-11[2021-07-07]. http：//kns. cnki. net/kcms/detail/46. 1068. S. 20210301. 1346. 011. html.

刘鹏，2017. 试论黑龙江省北部高寒区大豆抗旱保墒增产增收技术[J]. 农业与技术，37（8）：8.

刘时银，丁永建，叶佰生，等，2000. 高亚洲地区冰川物质平衡变化特征研究[J]. 冰川冻土（2）：97-105.

刘彦随，刘玉，郭丽英，2010. 气候变化对中国农业生产的影响及应对策略[J]. 中国生态农业学报（4）：905-910.

刘引鸽，缪启龙，高庆九，2005. 基于信息扩散理论的气象灾害风险评价方法[J]. 气象科学（1）：84-89.

刘志铭，张晓龙，兰进好，等，2021. 1979—2020年我国玉米品种审定情况回顾与展望[J]. 玉米科学，29（2）：1-7，15.

卢爱刚，庞德谦，何元庆，等，2006. 全球升温对中国区域温度纬向梯度的影响[J]. 地理科学（3）：345-350.

卢玢宇，裴占江，史风梅，等，2019. 黑龙江省近30年气候变化特征分析[J]. 黑龙江农业科学（5）：19-26.

卢玢宇，杨波，裴占江，等，2017. 黑龙江省气候生产潜力时空演变特征研究[J]. 生态环境学报，26（10）：1659-1664.
王绍武，1994. 近百年气候变化与变率的诊断研究[J]. 气象学报，52（3）：261-273.
逯亚杰，2016. 黄土高原地区气候生产潜力估算及其对气候变化的响应[D]. 杨凌：西北农林科技大学.
罗卫红，Mayumi Yoshimoto，戴剑锋，等，2003. 开放式空气CO_2浓度增高对水稻冠层能量平衡的影响[J]. 应用生态学报（2）：258-262.
罗永忠，成自勇，郭小芹，2011. 近40年甘肃省气候生产潜力时空变化特征[J]. 生态学报，31（1）：221-229.
吕军，孙嗣旸，陈丁江，2011. 气候变化对我国农业旱涝灾害的影响[J]. 农业环境科学学报，30（9）：1713-1719.
马德志，2020. 寒地抗倒玉米品种鉴定评价及其差异分析[D]. 哈尔滨：东北农业大学.
马德志，于乔乔，孙玉珺，等，2019. 黑龙江省三、四积温带玉米新品种抗倒伏性比较研究[J]. 西南农业学报，32（8）：1692-1700.
马凤才，赵星棋，2020. 种植结构调整背景下黑龙江农户玉米持续种植行为分析[J]. 农业展望，16（5）：38-43.
马建仓，张维俊，杨鹏，等，2010. 土壤温湿度及播种期对玉米顶腐病发生的影响[J]. 甘肃农业科技（4）：18-20.
马锐，王晓军，李华芝，等，2020. 黑龙江省主要粮食作物种植面积与产量变化分析[J]. 黑龙江农业科学（8）：96-101.
马淑梅，李宝英，1997. 气象因素对大豆灰斑病发生的影响[J]. 中国农业气象（5）：7-8.
马树庆，袭祝香，马力文，等，2015. 北方水稻低温冷害指标持续适用性检验与比较[J]. 气象，41（6）：778-785
牛金宇，2020. 拜泉县主栽玉米品种抗旱性评价[J]. 基层农技推广，8（1）：21-25.
潘根兴，高民，胡国华，等，2011. 气候变化对中国农业生产的影响[J]. 农业环境科学学报，30（9）：1698-1706.

潘学标，2003. 作物模型原理[M]. 北京：气象出版社.

钱凤魁，王文涛，刘燕华，2014. 农业领域应对气候变化的适应措施与对策[J]. 中国人口·资源与环境，24（5）：19-24.

秦大河，2002. 中国西部环境演变评估-中国西部环境变化的预测[M]. 北京：科学出版社.

秦大河，陈振林，罗勇，等，2007. 气候变化科学的最新认知[J]. 气候变化研究进展，3（3）：63-73.

任桂林，王莹，桂翰林，2017. 黑龙江省气象灾害预警工作分析[J]. 黑龙江气象，34（3）：27-29.

任国玉，郭军，徐铭志，等，2005. 近50年中国地面气候变化基本特征[J]. 气象学报，63（6）：943-956.

任艳林，2012. 1965—2011年河北塞罕坝地区降水量变化规律的小波分[J]. 灾害学，122（4）：43-45，56.

任竹，江懿，陈磊，2017. 气象因子对安徽省农作物病虫害发生发展的影响[J]. 农业灾害研究，7（Z1）：1-3，26.

陕振沛，马德山，2010. 灰色预测G（1，1）模型的研究与应用[J]. 甘肃联合大学学报（自然科学版），24（5）：24-27.

商全玉，2021. 14个水稻品种在黑龙江省北部高寒区的适应性鉴定[J]. 黑龙江农业科学（4）：1-4.

沈思渊，席承藩，1991. 淮北涡河流域农业自然生产潜力模型与分析[J]. 自然资源学报，6（1）：22-33.

沈志超，任国玉，李娇，等，2013. 中国东北地区冬季气温变化特征及其与大气环流异常的关系[J]. 气象与环境学报，29（1）：47-54.

史风梅，裴占江，卢玢宇，等，2019. 黑龙江省农业干旱灾害时空变化特征研究[J]. 黑龙江农业科学（7）：18-24.

史风梅，裴占江，王粟，等，2017. 利用灰色预测模型预测黑龙江省主要农业气象灾害[J]. 黑龙江农业科学（12）：27-31.

史风梅，裴占江，王粟，等，2019. 黑龙江省低温冷害和风雹近36年的变化特征[J]. 黑龙江农业科学（6）：36-39，46.

史风梅，杨波，裴占江，等，2017. 黑龙江省近35年农业气象灾害受灾率变化特征[J]. 东北农业大学学报，48（10）：50-56.
史培军，王静爱，谢云，等，1997 最近15年来中国气候变化、农业自然灾害与粮食生产的初步研究[J]. 自然资源学报，12（3）：197-203.
司巧梅，2010. 基于决策树的农业气象灾害等级预测模型[J]. 安徽农业科学，38（9）：4925-4927.
宋长虹，王影桃，赵文秀，2013. 黑龙江省灌溉发展趋势分析[J]. 黑龙江水利科技，41（10）：41-43.
苏晓丹，张雪萍，2011. 黑龙江省近56年气温降水变化特征及突变分析[J]. 中国农学通报，27（14）：205-209.
苏阳，2015. 黑龙江省农作物种植结构时空格局演变研究[D]. 哈尔滨：东北农业大学.
孙白妮，门艳忠，姚凤梅，2007. 气候变化对农业影响评价方法研究进展[J]. 环境科学与管理（6）：165-168.
孙凤华，杨素英，陈鹏狮，2005. 东北地区近44年的气候暖干化趋势分析及可能影响[J]. 生态学杂志，24（7）：751-755.
孙凤华，杨修群，路爽，等，2006. 东北地区平均、最高、最低气温时空变化特征及对比分析[J]. 气象科学，26（2）：157-163.
孙凤羽，2017. 黑龙江省玉米育种现状及对策[J]. 种子世界（1）：4-5.
孙慧惠，于定勇，张鹏，2009. 基于灰色模型G（1，1）卸港量的预测研究[J]. 中国水运，9（1）：65-66.
孙彦坤，王倩，张立友，等，2014. 黑龙江省黑土区近52年降水时空变化[J]. 东北农业大学学报，45（5）：69-74.
孙玉亭，祖世亨，曹英，等，1986. 黑龙江省农业气候资源及其利用[M]. 北京：气象出版社.
唐国平，李秀彬，Guenther Fischer，等，2000. 气候变化对中国农业生产的影响[J]. 地理学报（2）：129-138.
唐立兵，张平，2013. 自然灾害对黑龙江省经济社会发展影响的实证分析[J]. 大庆师范学院学报，33（3）：108-111.
唐立兵，张平，王剑，等，2011. 黑龙江省农业气象灾害的风险评估与预测研究[J]. 黑龙江八一农垦大学学报，23（2）：77-81.

佟超，丁善友，2006. 黑龙江省水稻低温冷害的早期诊断及防御措施[J]. 垦殖与稻作，3（5）：36-38.

汪婷，沈玉峰，孙首华，等，2010. 1961—2008年昆山市气候变化特征[J]. 气象与环境学报，26（5）：53-56.

王春丽，孙爽，孙海波，2015. 简析黑龙江省近30年主要农业气象灾害及其影响[J]. 现代化农业（12）：61-62.

王春丽，孙彦坤，2014. 黑龙江省2001年以来气象灾情普查数据分析[J]. 现代化农业（9）：11-12.

王春荣，张齐凤，王振，等，2020. 黑龙江省农作物病虫害监测预警体系的构建与推广应用[J]. 中国植保导刊，40（4）：77-80.

王春乙，郭建平，1999. 农作物低温冷害防御技术[M]. 北京：气象出版社：9-26.

王春乙，马树庆，毛飞，等，2008. 东北地区农作物低温冷害研究[M]. 北京：气象出版社.

王刚，肖伟华，路献品，等，2014. 气候变化对旱涝事件影响研究进展[J]. 灾害学，29（2）：142-148.

王久臣，宋振伟，李虎，等，2017. 粮食作物节能减排技术与政策初探[M]. 北京：中国农业出版社.

王俊强，孙善文，韩业辉，等，2020. 玉米新品种嫩单29适应性评价[J]. 黑龙江农业科学（11）：1-5.

王明，邵元元，黄仁志，等，2017. 桑椹肥大性菌核病病原生长温度测定及抑菌药剂筛选[J]. 蚕桑茶叶通讯（4）：1-3.

王明娜，潘华盛，2009. 气候变暖对黑龙江省粮食作物种植格局的影响评估[J]. 黑龙江气象，26（4）：17-20.

王澎，2018. 黑龙江：优化农业结构力促转型升级[J]. 农业工程，8（5）：40.

王萍，李帅，闫平，等，2010. 黑龙江省近年低温冷害特征再探[J]. 自然灾害学报，19（1）：143-146.

王萍，王桂霞，石剑，等，2003. 黑龙江省2002年农业气象灾害综述[J]. 黑龙江气象（3）：24-25.

王萍，武琦，吕世翔，等，2018. 2018年黑龙江审定推广的大豆品种Ⅱ[J]. 大豆科学，37（6）：989-998.
王秋京，吕佳佳，李秀芬，等，2016. 黑龙江省农业气象灾害分布特征及其对农业的生产影响[J]. 黑龙江水利科技（4）：57-61.
王秋京，马国忠，李宇光，等，2015. 黑龙江省主要农业气象灾害特征及其对粮食产量影响灰色关联分析[J]. 南方农业学报，46（5）：823-827.
王粟，史风梅，裴占江，等，2019. 气候变化对黑龙江省玉米病虫害发生的影响[J]. 黑龙江农业科学（6）：20-26.
王铁沂，1954. 黑龙江省水稻病虫害问题的初步研讨[J]. 农业科学通讯（6）：307-309.
王文涛，陈洪义，2017. 发展黑龙江省设施农业的建议与思考[J]. 统计与咨询（3）：10-13.
王秀芬，杨艳昭，尤飞，2011. 近30年来黑龙江省气候变化特征分析[J]. 中国农业气象，32（S1）：28-32.
王秀萍，刘荣花，詹静，2016. 连阴雨对玉米的影响研究进展[J]. 气象与环境科学，39（4）：121-125.
王学哲，孙才志，曹永强，2017. 基于修正 Z 指数的黑龙江省旱涝时空特性分析[J]. 水电能源科学，35（10）：1-4.
王雅琼，马世铭，2009. 中国区域农业适应气候变化技术选择[J]. 中国农业气象（S1）：51-56.
王岩，李刚，徐蕊，2018. 黑龙江省应对气候变化的形势、进展及优化策略研究[J]. 中国林业经济（5）：70-72，120.
王艳斌，2021. 气候变化对农业气象灾害和病虫害的影响以及应对措施[J]. 农业工程技术，41（5）：92-93.
王艳秋，邢俊江，张丽娟，等，2008. 黑龙江省旱涝低温指标及其气候分析应用[J]. 自然灾害学报，17（5）：142-146.
王跃民，鲁慧霞，刘璟瑜，等，2011. 3个不同旱涝指标划分旱涝等级的比较研究[J]. 现代农业技（7）：326-327，329.
温克刚，2007. 中国气象灾害大典（黑龙江卷）[M]. 北京：气象出版社.
吴丽丽，蒋佰福，牛忠林，等，2021. 三江平原地区专用玉米品种筛选[J]. 现代农村科技（2）：71-72.

吴普特，赵西宁. 气候变化对中国农业用水和粮食生产的影响[J]. 农业工程学报，26（2）：1-6.
武永利，卢淑贤，王云峰，等，2009. 近45年山西省气候生产潜力时空变化特征分析[J]. 生态环境学报（2）：567-571.
夏骥超，柴玉坤，郭令，等，2017. 浅谈黑龙江省水稻低温冷害的发生规律及防御对策[J]. 黑龙江气象，34（1）：42-44.
肖大伟，李海成，杨德光，2016. 黑龙江省粮食水旱灾减产研究——基于1978—2013年数据[J]. 东北农业大学学报：社会科学版，14（6）：39-44.
肖登攀，陶福禄，沈彦俊，等，2014. 华北平原冬小麦对过去30年气候变化响应的敏感性研究[J]. 中国生态农业学报，22（4）：430-438.
谢立勇，李艳，林淼，2011. 东北地区农业及环境对气候变化的响应与应对措施[J]. 中国生态农业学报，19（1）：197-201.
熊伟，杨婕，林而达，等，2008. 未来不同气候变化情景下我国玉米产量的初步预测[J]. 地球科学进展（10）：1092-1101.
徐虹，张丽娟，姜蓝齐，2014. 黑龙江省公元612—2000年主要气象灾害时空规律研究[J]. 自然灾害学报，23（3）：107-118.
徐淑芬，邹继军，杨桂荣，等，1996. 黑龙江省近年大豆病虫害发生趋势分析[J]. 黑龙江农业科学（5）：33-34.
徐淑琴，雷兴元，刘宇佳，等，2015. 基于时间序列与小波分析耦合模型区域降水量预测研究[J]. 东北农业大学学报，46（11）：63-69.
许红，2019. 国外低碳农业发展经验及借鉴[J]. 农业经济（4）：9-11.
许健，于海林，王俊强，等，2018. 黑龙江省西部半干旱地区高淀粉玉米品种筛选[J]. 中国种业（9）：70-73.
许朗，刘金金，2013. 气候变化与中国农业发展问题的研究[J]. 浙江农业学报，25（1）：192-199.
许艳，韩晓增，张增敏，等，2000. 黑龙江省大豆主要病虫害防治的研究[J]. 作物杂志（5）：9-10.
宣守丽，石春林，刘杨，等，2017. 自然环境高温对长江中下游地区中稻结实率的影响及模拟[J]. 气象与环境科学，40（1）：73-77.
薛志丹，孟军，吴秋峰，2019. 基于气候适宜度的黑龙江省大豆种植区划研究[J]. 大豆科学，38（3）：399-406.

颜丽娟，2014. 气候变化对于玉米病虫害发生发展趋势的影响[J]. 黑龙江科技信息（29）：267.

杨春艳，沈渭寿，林乃峰，2014. 西藏高原气候变化及其差异性[J]. 干旱区地理，37（2）：290-298.

杨方，李茂松，王春艳，等，2014. 全国及区域尺度上农业旱灾受灾率分级研究[J]. 灾害学，29（4）：209-214.

杨贵羽，韩冬梅，陈一鸣，2014. 1950—2010年东北地区旱涝演变特征分析[J]. 中国水利（5）：45-48.

杨继国，翁向宇，2021. 2019年我国农业气象灾害预警发布情况分析[J]. 现代农业科技（10）：153-155.

杨通林，1987. 松桃县油菜菌核病大流行的分析和综合防治对策[J]. 耕作与栽培（5）：28.

杨晓静，徐宗学，左德鹏，等，2016. 东北三省近55年旱涝时空演变特征[J]. 自然灾害学报，25（4）：9-19.

杨晓强，张立群，李帅，等，2013. 1980—2008年黑龙江省气候变暖对大豆种植的影响[J]. 气象与环境学报，29（2）：96-100.

姚凤梅，张佳华，2005. 中国北方农牧交错带农作物产量时空格局与情景预测研究进展[J]. 农业工程学报（1）：173-176.

姚玉璧，李耀辉，王毅荣，等，2005. 黄土高原气候与气候生产力对全球气候变化的响应[J]. 干旱地区农业研究（2）：202-208.

于谅文，邹慎茂，侯成晓，等，1997. 1996年玉米蚜虫发生特点及致因分析[J]. 植保技术与推广，17（3）：15-16.

于林可，2020. 低碳经济背景下农业经济发展方式的转变[J]. 农业灾害研究，10（4）：187-188，190.

于婷婷，周玉国，2012. 基于灰色GM（1，1）模型的时间序列预测研究[J]. 微型机与应用，31（13）：65-67.

袁彬，2012. 气候变化下东北春玉米气候生产潜力及农业气候资源利用率[D]. 北京：中国气象科学研究院.

袁兰兰，2015. 近50年来气候变化对中国主要农作物土地生产潜力的影响[D].

武汉：华中师范大学.
云雅如，方修琦，王媛，等，2005. 黑龙江省过去20年粮食作物种植格局变化及其气候背景[J]. 自然资源学报（5）：697-705.
张春娇，2020. 2010—2019年黑龙江审定玉米品种产量和品质性状分析[J]. 种子科技，38（7）：3-5.
张桂芳，2016. 黑龙江省旱灾等级划分及旱情分布研究[J]. 黑龙江水利科技，44（6）：53-55.
张桂香，霍治国，吴立，等，2015. 1961—2010年长江中下游地区农业洪涝灾害时空变化[J]. 地理研究，34（6）：1097-1108.
张红梅，宋戈，2021. 黑龙江省典型县耕地种植结构空间分异特征与影响因素[J]. 农业机械学报，52（5）：239-248.
张虹冕，赵今明，2015. 安徽省应对气候变化农业科技发展战略研究[J]. 环境科学与管理，40（11）：33-36.
张厚瑄，2000. 中国种植制度对全球气候变化响应的有关问题Ⅰ. 气候变化对我国种植制度的影响[J]. 中国农业气象（1）：10-14.
张厚瑄，2000. 中国种植制度对全球气候变化响应的有关问题Ⅱ. 我国种植制度对气候变化响应的主要问题[J]. 中国农业气象（2）：11-14.
张兰生，方修琦，1988. 我国气温变化的区域分异规律[J]. 北京师范大学学报（自然科学版）（3）：78-85.
张丽娜，张洪伟，苏光辉，2019. 2018年牡丹江管理局水稻优质米展示示范总结[J]. 北方水稻，49（3）：30-33.
张茂明，顾鑫，杨晓贺，等，2020. 2018—2019年黑龙江省大豆新品系抗灰斑病鉴定简报[J]. 中国种业（9）：69-71.
张梦婷，刘志娟，杨晓光，等，2016. 气候变化背景下中国主要作物农业气象灾害时空分布特征[Ⅰ]：东北春玉米延迟型冷害[J]. 中国农业气象，37（5）：599-610.
张平，2011. 黑龙江省农业自然灾害的成因分析[J]. 农机化研究，33（2）：249-252.
张平，吴俊江，李国良，2011. 黑龙江省农业气象灾害防范体系构建研究[J]. 农业科技管理，30（1）：62-65.

张崎峰，2020. 黑龙江省北部高纬地区玉米品种适应性筛选[J]. 黑龙江农业科学（2）：9-13.

张思奇，2018. 黑龙江省玉米主栽品种对穗腐病菌抗性评价及遗传多样性分析[D]. 哈尔滨：东北农业大学.

张文双，2017. 新形势下黑龙江省农田水利建设问题探讨[J]. 建材与装饰（22）：280.

张星，陈惠，周乐照，2007. 福建省农业气象灾害灰色评价与预测[J]. 灾害学，22（4）：43-45，56.

张秀梅，杨萌，李春景，2014. 基于M-K、Morlet小波分析图们江下游降水量[J]. 延边大学农学学报，36（4）：285-290，296.

张煦庭，潘学标，徐琳，等，2017. 基于降水蒸发指数的1960—2015年内蒙古干旱时空特征[J]. 农业工程学报，33（15）：190-199.

张雪萍，郭艳清，高梅香，等，2005. 黑龙江省西部沙地生态经济系统能值分析——以泰来县为例[J]. 经济地理，25（5）：651-654.

张艺萌，张雪松，郭婷婷，等，2015. 辽西北地区气温和降水变化对气候生产潜力的影响[J]. 中国农业气象，36（2）：203-211.

赵海青，2016. 基于累积法的灰色模型及在电力负荷预测中的应用[J]. 中国电力，49（增刊）：94-95，101.

赵慧颖，2007. 呼伦贝尔沙地45年来气候变化及其对生态环境的影响[J]. 生态学杂志，26（11）：1817-1821.

赵慧颖，2007. 气候变化对典型草原区牧草气候生产潜力的影响[J]. 中国农业气象（3）：281-284.

赵静，2020. 东北地区玉米种植界限变迁与冷害风险评估[D]. 哈尔滨：东北师范大学.

赵名茶，1995. 全球CO_2倍增对我国自然地域分异及农业生产潜力的影响预测[J]. 自然资源学报（2）：148-157.

赵秀兰，2010. 近50年中国东北地区气候变化对农业的影响[J]. 东北农业大学学报（9）：144-149.

赵艳霞，王馥棠，刘文泉，2003. 黄土高原的气候生态环境、气候变化与农业气候生产潜力[J]. 干旱地区农业研究（4）：142-146.

郑冬晓，杨晓光，2014. ENSO对全球及中国农业气象灾害和粮食产量影响研究进展[J]. 气象与环境科学，37（4）：90-101.

郑凯，王恒宇，2016. 近55年来黑龙江省冰雹气候特征分析[J]. 安徽农业科学，44（6）：216-219.

中华人民共和国农业部，2009. 新中国农业60年统计资料[M]. 北京：中国农业出版社.

中华人民共和国农业部种植业管理司，2016. 历史自然灾害数据库[DB/OL]. http：//zzys. agri. gov. cn/zaiqing. aspx.

钟章奇，王铮，夏海斌，等，2015. 全球气候变化下中国农业生产潜力的空间演变[J]. 自然资源学报，30（12）：2018-2023.

仲冬雪，侯敬一，姜月，等，2020. 黑龙江省不同年代审定大豆品种的演化分析[J]. 农产品加工（2）：76-78.

周广胜，2015. 气候变化对中国农业生产影响研究展望[J]. 气象与环境科学，38（1）：80-94.

周平，2001. 全球气候变化对我国农业产业化经营发展的几点建议[J]. 云南农业大学学报，16（1）：1-4.

周松秀，陈林林，刘兰芳，等，2017. 全球变化背景下南方丘陵区农业生态系统适应性时空演变特征研究——以衡阳盆地为例[J]. 中国生态农业学报，25（2）：147-156.

周鑫，2013. 气候变化对玉米病虫害发生发展趋势的影响[J]. 黑龙江科学（7）：70.

周秀杰，那济海，潘华盛，2011. 黑龙江省夏季干旱气候特征及成因分析[J]. 自然灾害学报，20（5）：131-136.

周悦，孙妍，2018. 黑龙江农业基础设施建设研究[J]. 合作经济与科技（2）：34-35.

周长生，2010. 黑龙江省近30年农业气象灾害对粮食生产影响研究[D]. 哈尔滨：黑龙江大学.

朱红蕊，刘赫男，孙爽，等，2012. 黑龙江省2011年主要气象灾害及影响[J]. 黑龙江农业科学（5）：37-39.

朱琳，2021. 碳中和大势下的农业减排：英国推进农业“净零排放”的启示[J].

可持续发展经济导刊（5）：29-31.

竺可桢，1946. 论我国气候的几个特点及其与粮食作物生产的关系[J]. 地理学报（1）：1-13.

邹小娇，张郁，2021. 黑龙江省粮食作物种植结构变化的政策驱动分析——基于DID模型[J]. 中国农学通报，37（15）：150-157.

祖世亨，石剑，祖雪梅，1996. 黑龙江省旱涝灾害农业气候指标及地理分布区划[J]. 自然灾害学报，5（3）：116-122.

祖世亨，闫平，2002. 黑龙江省2002年夏季低温冷害及对粮食产量的影响[J]. 黑龙江气象（4）：26-27.

ALEXANDROV V A，HOOGENBOOM G，2000. The impact of climate variability and change on crop yield in Bulgaria[J]. Agricultural and Forest Meteorology，104（4）：315-327.

BERINGER T I M，LUCHT W，SCHAPHOFF S，2011. Bioenergy production potential of global biomass plantations under environmental and agricultural constraints[J]. GCB Bioenergy，3（4）：299-312.

FARQUHAR G D，EHLERINGER J R，HUBICK K T，1989. Carbon isotope discrimination and photosynthesis[J]. Annual Review of Plant Biology，40（1）：503-537.

FU C，JIANG Z，GUAN Z，et al.，2008. Impacts of climate change on water resources and agriculture in China[M]// Regional Climate Studies of China. Springer Berlin Heidelberg：447-464.

GODFRAY H C J，BEDDINGTON J R，CRUTE I R，et al.，2010. Food security：the challenge of feeding 9 billion people [J]. Science，327（5967）：812-818.

HISDAL H，STAHL K，2001. Have stream flow droughts in Europe become more severe or frequent [J]. International Journal of Climatology（21）：317-333.

HUANG P，ZHANG J，TANG Y，et al.，2015. Spatial and temporal distribution of PM 2. 5 pollution in Xian City，China [J]. International Journal of Environmental Research and Public Health，12（6）：6608-6625.

KAISER H，DRENNEN T，1993. Agricultural dimensions of global climate change[M]. CRC Press.

LESK C，ROWHANI P，RAMANKUTTY N，2016. Influence of extreme weather disasters on global crop production[J]. Nature，529（7584）：84-87.

LIETH H. 1975. Modeling the primary productivity of the world [M]. New York：Springer：237-263.

LIETH H. 1986. 生物圈的第一性生产力[M]. 王业蘧，等译. 北京：科学出版社.

MILLY P C D，DUNNE K A，VECCHIA A V，2005. Global patern of trends in stream flow and water availablity in a changing climate [J]. Nature，438：347-350.

PARRY M L，ROSENZWEIG C，IGLESIAS A，et al.，2004. Effects of climate change on global food production under SRES emissions and socio-economic scenarios [J] . Global Environmental Change，14（1）：53-67.

RAMÍREZ I J，GRADY S C，2016. El Niño，climate，and cholera associations in Piura，Peru，1991-2001：a wavelet analysis [J]. Ecohealth，13（1）：83-99.

ROSENZWEIG C，LGLESIAS A，YANG X B，et al.，2001. Climate change and extreme weather events：implications for food production，plant diseases，and pests[J]. Global Change & Human Health，2（2）：90-104.

WU H，SOH L K，SAMAL A，et al.，2008. Trend analysis of stream flow drought events in Nebraska [J]. Water Resources Management，22：145-164.

YANG L，CAI X J，ZHANG H，et al.，2016. Interdependence of foreign exchange markets：a wavelet coherence analysis [J]. Economic Modelling，55：6-14.

ZHANG Z，ZHANG Q，JIANG T，2007. Changing features of extreme precipitation in the Yangtze River basin during 1961—2002 [J]. Journal of Geographical Sciences，17（1）：33-42.